# 智能电网与能源网融合技术

主编　李立涅　郭剑波　饶　宏

机 械 工 业 出 版 社

面向我国能源技术革命的需求，结合国家战略发展的方向，智能电网拓宽其互联范围，与其他能源网深度融合已成为趋势，智能电网与能源网融合的技术发展方向和技术体系战略研究已成为能源行业研究的重点和热点。本书契合该背景展开研究，分为8章，内容包括智能电网与能源网发展现状与趋势，智能电网与能源网的融合模式，新材料新装备和信息通信的支撑技术，广域互联能源网、区域与用户级智能能源网和"互联网+"智能能源网3种典型的智能电网与能源网的融合场景分析，我国智能电网和能源网融合的技术发展路线。

本书可作为能源系统、电力系统、自动化技术、能源技术、能源政策以及能源金融等行业相关研究人员的参考书。

## 图书在版编目（CIP）数据

智能电网与能源网融合技术/李立涅，郭剑波，饶宏主编 . —北京：机械工业出版社，2018.4（2025.1重印）

ISBN 978-7-111-59489-5

Ⅰ . ①智… Ⅱ . ①李… ②郭… ③饶… Ⅲ . ①智能控制 - 电网 - 数据融合 ②智能控制 - 能源 - 网络系统 - 数据融合 Ⅳ . ①TM76 ②TK01

中国版本图书馆 CIP 数据核字（2018）第 056925 号

机械工业出版社（北京市百万庄大街 22 号 邮政编码 100037）

策划编辑：汤 枫 责任编辑：汤 枫
责任校对：张艳霞 责任印制：常天培
固安县铭成印刷有限公司印刷

2025 年 1 月第 1 版 · 第 5 次印刷
169mm×239mm · 13.5 印张 · 315 千字
标准书号：ISBN 978-7-111-59489-5
定价：59.00 元

# 本书编委会

**主任：** 李立涅　郭剑波　饶　宏

**委员：** 蔡泽祥　张勇军　韩永霞　许爱东　蒋屹新

李　鹏　曾　嵘　张　波　庄池杰　王成山

王　丹　贾宏杰　肖立业　齐智平　刘超群

赵　强　宋燕敏　陈泽兴　刘　平

# 前　　言

目前我国是世界上最大的能源消费国，传统的能源生产和消费模式已难以适应当前形势。在经济增速换档、资源环境管理趋紧的形势下，推动能源革命势在必行、刻不容缓。2014 年 6 月，习近平总书记在中央财经领导小组会议提出我国能源安全发展的"四个革命"和"一个合作"战略思想，包括能源消费、供给、技术和体制四个革命和国际能源合作，明确了能源革命的发展方向，深化了能源革命的内涵，同时希望借助能源革命大力推动新能源和可再生能源的发展，逐步建成多元化、低碳化、无碳化的智能、安全、清洁、高效的新能源系统，保障经济社会发展需求的能源供给。在能源革命的大背景下，国家正加紧推进能源改革，积极部署能源各个领域、各个产业的结构调整。《电力发展"十三五"规划》明确强调，电力规划的基本原则之一是智能高效、创新发展，通过加强系统集成优化、改进调度运行方式、提高电力系统效率、大力推进科技装备创新、探索管理运营新模式等方式，促进能源系统的转型升级。

此外，迅速发展的互联网行业正以巨大的力量逐步颠覆多个传统产业的生产和经营方式，能源行业的互联网化为能源革命带来了新的机遇和挑战。2016 年 2 月，国家发改委发布《关于推进"互联网+"智慧能源发展的指导意见》，明确了"互联网+"智慧能源的发展核心是能源互联网的建设，指出了"互联网+"智慧能源发展的指导思想：以改革创新为核心，以"互联网+"为手段，以智能化为基础，围绕构建绿色低碳、安全高效的现代能源体系，促进能源和信息深度融合，推动能源互联网新技术、新模式和新业态发展，推动能源领域供给侧结构性改革，支撑和推进能源革命。2016 年 4 月，国家发改委、国家能源局发布《能源技术革命创新行动计划（2016~2030 年）》，将能源互联网技术创新列为一项重点任务，并明确提出能源互联网架构设计、能源与信息深度融合、能源互联网衍生应用等 3 项具体创新行动。

在此大背景下，本书对智能电网与能源网融合的必要性、技术特性和技术发展方向体系等一系列问题展开研究。在探究智能电网与能源网的融合模式方面，编者认为，可以从电力行业、其他能源行业和互联网行业等不同视角，看待形成智能电网 2.0、互联能源网和"互联网+"能源网 3 种融合模式。不同的融合模式，代表不同行业市场竞争的结果，是在国家政策、行业需求、关键技术以及地域限制等因素的综合影响下形成的。智能电网与能源网的融合，可以促进能源供给侧优化能源结构、提升可再生能源比例，消费侧实现多能互补、提高能源综合利用效率以及市场侧还原能源商品属性。

新材料新装备和信息通信技术是智能电网与能源网融合的物理基础和关键技术。一方面，新材料新装备的研发，为打造更加安全可靠、高效经济、绿色环保的智能电网及其与能源网的融合提供了坚实的保障；另一方面，以移动互联网、物联网、云计算和大数据为代表的信息通信技术的发展，极大地促进了能源系统的智能化和自动化，加速了智能电网与能源网的融合。在智能电网与能源网融合的趋势下，结合不同地域环境优势，开展合适的智能电网与能源网的融合模式建设，形成广域互联能源网、区域与用户级智能能源网和"互联网+"智慧能源的典型应用场景。本书分析了这些典型应用场景的现状、发展趋势、形态特征、技术需求和技术发展方向。最终结合我国能源系统的发展现状，基于对技术需求和技术发展方向的论述，提出我国 2020 年、2030 年以及 2050 年智能电网与能源网融合的形态演变及关键发展技术。

本书第 1 章、第 2 章和第 8 章由华南理工大学蔡泽祥、张勇军、韩永霞、陈泽兴和刘平执笔，第 3 章由中国科学院电工研究所肖立业和齐智平执笔，第 4 章由南方电网科学研究院许爱东、蒋屹新和李鹏执笔，第 5 章由中国电力科学研究院刘超群、赵强和宋燕敏执笔，第 6 章由天津大学王成山、王丹和贾宏杰执笔，第 7 章由清华大学曾嵘、张波和庄池杰执笔。全书由李立涅、郭剑波和饶宏统筹和校对。

本书得到了中国工程院重大咨询项目（2015-ZD-09-09）的大力支持，在此深表谢意。由于编写时间及编者水平所限，书中疏漏及谬误之处在所难免，还望读者不吝赐教。

编　者

# 目　　录

# 第 1 章 绪 论

由常规能源大量使用带来的气候变化和环境恶化等严峻问题，迫使我国在能源生产和消费方面向多元化、清洁化、高效化和市场化方向发展，能源结构转型面临前所未有的巨大压力，但也为解决我国能源分布失衡、能源使用效率低下，实现能源商品化带来历史机遇。

电网和能源网是能源传输和消纳的重要载体。我国智能电网和以天然气、冷热网为主的能源网已具备规模，但二者相互独立运行，且在新能源消纳、能量存储、调峰能力和能源利用效率等方面存在局限性。新技术和新材料带来的发展机遇是打通多元能源网的转换渠道，使智能电网和能源网的深度融合、优势互补以及资源的优化配置成为可能，最终实现能源利用模式变革，推动经济与社会可持续发展。

本章具体介绍我国能源开发与利用所面临的挑战和机遇，以能源供给革命、能源消费革命、能源体制革命支撑作用为着眼点，分析和探讨基于智能电网与能源网融合实现能源技术革命的必要性与重要性。

## 1.1 能源转型面临的挑战

### 1.1.1 能源结构亟待转型

目前人类社会仍以煤炭、石油、天然气三大化石能源作为主要能源供应来源。据《BP 世界能源统计年鉴》2017 版<sup>⊖</sup>数据显示，2016 年，三大化石能源在全球能源消费中占比 85.5%，在我国占了 87%，能源消费结构如图 1-1 所示，可见目前三大化石能源在能源消费中仍占优势地位。随着人类对化石燃料的不断开采，化石能源将不可避免地面临枯竭。同时，伴随化石能源使用所带来的

---

⊖ https://www.bp.com/zh_cn/china/reports-and-publications/_bp_2017-_.html

碳排放及其他污染问题已对自然环境造成巨大压力并严重威胁着全球生态。

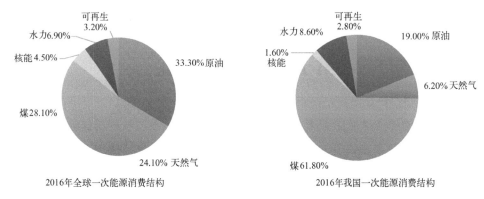

2016年全球一次能源消费结构　　　　　　　　　　2016年我国一次能源消费结构

图1-1　2016年全球/我国一次能源消费结构

近年来，世界各国对能源资源与环境问题关注密切，不断扩大各类燃料运用范围和推广新的实用性技术。美国的页岩革命开启了石油和天然气资源大规模开发的局面，可再生能源开发利用的技术进步也支撑了以风能与太阳能为代表的可再生能源迅猛发展。据《BP世界能源统计年鉴》2017版显示，由于全球经济持续低迷，2015年全球一次能源消费仅增长1.0%，增速明显缓慢。但是从整体的能源结构来看，全球能源结构正在从以煤炭为主转向以更低碳能源为主。其中，可再生能源是所有能源中增长最快的部分，增幅达12%。相比之下。煤炭这种含碳量最高的化石燃料的使用量连续两年出现急剧下滑，跌幅达1.7%，主要原因是中美两国需求的减少。

另一方面，能源需求增长缓慢和燃料结构的转变，对碳排放影响重大。2016年来自能源消费的二氧化碳排放仅增长了0.1%，2016年因此成为碳排放保持稳定甚至下滑趋势的连续第三个年头。

从能源市场来看，我国的经济增长正在放缓且正经历结构转型，但是，我国仍保持其作为世界上最大能源消费国、生产国和净进口国的角色。据《BP世界能源统计年鉴》2017版显示，2016年我国能源消费增长1.3%，增速不足过去10年平均水平5.3%的四分之一。但是，我国占全球能源消费量的23%，仍居首位。在化石能源中，消费增长最快的是天然气（7.7%），其次是石油（2.7%）和煤炭（-1.6%），三种化石能源的增长率均低于其各自近10年的平均水平。在非化石能源中，太阳能消费增长最快（71.5%），其次是风能（29.4%）和核能（24.5%），水电在过去一年中增长了4.0%，为2011年以来增长最慢的一年。

由此可见，我国的能源结构正在持续改进，尽管煤炭仍是我国能源消费的主导燃料（占比 61.8%），但已是历史最低值，并且我国已超越美国，成为世界上最大的可再生能源消费国。在减排方面，2016 年我国二氧化碳排放降低了0.7%，远低于 4.2% 的近 10 年平均增速水平。

2016 年，全球能源在结构转型上朝正确的方向迈进了一步，但要实现能源结构完全低碳化发展，面临的挑战仍然很大。我国提出能源结构优化和能源清洁化两大目标，即到 2030 年，非化石能源在一次能源消费中的比重提高到 20% 左右，二氧化碳排放达到峰值且努力达到顶峰，要实现这些目标，我国的能源系统仍需进一步转型升级。

## 1.1.2 新能源消纳面临瓶颈

新能源包括太阳能、生物质能、风能、地热能、波浪能、洋流能、潮汐能以及海洋表面与深层之间的热循环等。新能源理论储量都十分可观⊖，但其资源普遍存在分散、间歇、能量密度低等问题。当前，风电和光伏发电已具商业开发竞争力，其他新能源的利用技术尚不成熟，商业应用尚待时日。

近年来，随着各个国家相应政策的支持以及关键技术的逐渐成熟，世界新能源发展速度加快。据《BP 世界能源统计年鉴》2017 版显示，2016 年世界可再生能源继续保持最快的增长速度，增长了 12%，虽然低于 15.7% 的可再生能源 10 年平均增长水平，但这仍是有史以来最大的年增加量（增加了 5500 万 t 油当量，超出煤炭消耗量的减少量）。我国可再生能源消费全年增长 33.4%，仅仅 10 年间，我国可再生能源消费在全球总量中的份额便从 2% 提升到了 2016 年的 20.5%。

与此同时，由于我国在新能源建设过程中主要关注资源而忽视市场，风电、光伏等新能源行业普遍遭遇并网难问题，造成规模过剩，导致发电难以送出，弃风、弃光问题突出。为解决我国新能源并网问题，2017 年，国家发改委、国家能源局印发《解决弃水弃风弃光问题实施方案》，制定了可再生能源消纳的全方位解决方案，使问题得到了一定程度的改善。根据我国能源局公布的统计数据⊖显示，2017 年，全国弃风电量 419 亿 kW·h，弃风率 12%，同比下降 5.2 个

⊖ http://www.chinapower.com.cn/informationzxbg/20161213/71455.html
⊖ http://www.nea.gov.cn/2018-01-24/c_136921015.htm

百分点；弃光电量 73 亿 kW·h，弃光率 6%，同比下降 4.3 个百分点。尽管可再生能源的消纳有所改善，但想完全解决我国弃风弃电现象，仍面临挑战。我国在跃升成为世界上最大的可再生能源消费国的同时，更要意识到提升新能源的消纳比例仍是我国能源面临的问题之一，能源技术的提升和能源体制的完善（如新能源补贴政策等）已成为重中之重。

## 1.1.3　能源利用效率亟待提升

我国现有能源消费结构的特点是总体能源利用效率低下，综合能源利用效率有待提升。我国近 5 年来单位 GDP 能耗呈现逐年降低的趋势，但我国能源消费结构仍面临两大不容忽视的问题：一是能源消费总量基数庞大，据《中国统计年鉴》2017 版[⊖]显示，2016 年我国能源消费总量 43.6 亿 t 标准煤，居世界首位；二是从世界范围看，我国能耗强度与世界平均水平及发达国家相比仍然偏高，按照 2015 年美元价格和汇率计算，2016 年我国单位 GDP 能耗为 3.7 t 标准煤/万美元，是 2015 年世界能耗强度平均水平的 1.4 倍，是发达国家平均水平的 2.1 倍[⊖]。因此，我国目前能源消费方面亟须大幅提高能源综合利用效率，控制甚至减少能源消耗的总量。

我国电能需求变化趋势较大程度上能反映总体能源消费的发展情况。从发展阶段来看，我国仍处于工业化中后期、城镇化快速推进期。尽管目前我国经济发展已进入新常态，电力消费弹性系数近年来有所下降，然而随着能源结构不断向着清洁化、绿色化调整和优化，电力在终端能源消费中的比重将不断提高，我国电力需求仍将保持中高速增长的态势。中国人均用电水平还处于低位，与发达国家存在较大差距。2010 年中国人均用电量为 3140 kW·h，2015 年为 4318 kW·h，相当于美国 20 世纪 60 年代水平。伴随终端消费电力比重上升，在未来较长一段时期内，我国人均用电量水平将保持较快增长，预计 2020 年人均用电量将达到 5000 kW·h 或以上水平。

为维持庞大的能源消费体系并进一步降低能源利用对环境的影响，除了在能源供给侧上增强新能源开发力度和消纳水平，还需充分挖掘能源消费侧的能效提升潜力。同时，支撑新能源消纳和大规模能源传输对构建坚强可靠的能源网络和实现能源系统的多源交互提出了更高的要求。

---

⊖　http://www.stats.gov.cn/tjsj/ndsj/2017/indexch.htm
⊖　http://www.ahjn.gov.cn/DocHtml/1/17/03/00003286.html

### 1.1.4 能源系统独立运行的局限性问题

**1. 智能电网独立运行的局限性**

进入 21 世纪后，各国纷纷提出对智能电网的设想和框架。我国对智能电网的定义是以坚强网架为基础，以通信信息平台为支撑，以智能控制为手段，包含发电、输电、变电、配电、用电和调度六大环节，覆盖所有电压等级，实现"电力流、信息流、业务流"的高度一体化融合，是坚强可靠、经济高效、清洁环保、透明开放、友好互动的现代电网。因此，智能电网在技术上包含信息化、数字化、自动化和互动化这 4 个特征。其中，信息化是指实时和非实时信息的高度集成、共享和利用；数字化是指电网对象、结构及状态的定量描述和各类信息的精确高效采集与传输；自动化是指电网控制策略的自动优选、运行状态的自动监控和故障状态的自动恢复等；互动化是指电源、电网和用户资源的友好互动和协调运行。智能电网能有效提高能源利用效率、减少对环境的影响、提高供电的安全性和可靠性、减少输电网的电能损耗。

但是，现今的智能电网仍存在很多局限和不足：

1）电力系统中缺乏统一的信息标准，存在重复建设；信息孤岛众多，集成度低；注重设备的自动控制，忽视了信息的整理和挖掘。

2）智能电网的物理实体仍是电力系统，因此无法克服电力系统本身不能大规模储能的问题。

3）依赖电网本身的调节能力，对太阳能、风能等新能源的消纳仍存在限制。

4）在智能电网中，能量只能以电能形式传输和利用，调节方式较为单一，峰谷调节能力差。

**2. 能源网独立运行的局限性**

能源网，本书主要指除电网外的其他能源传输网络，主要为天然气网、供冷/热网、氢能源网。不同能源网的规模和特性如下：

天然气网是一个集储、运、控、管等设备为一体的庞大复杂的流体传输系统，天然气网是全国联网型，通过长距离输送系统进行区域/城市之间联网；通过城市燃气输配系统向用户提供燃气功能。由于天然气具有极强的可压缩性，因此天然气网具有较大的储能空间。在我国，天然气网规模庞大，总里程超过 60 万 km，横跨东西，覆盖全国，管网沿线地质地貌、自然气候、人文环境复杂,是全世界最复杂的管网系统之一。

供热网是将热源与热用户连接起来,并将热源产生的热量通过管道工质(一般为热水或蒸汽,目前在我国最常用的是热水管网)输送到热用户。供热网一般分为一次管网和二次管网两级,中间以换热站连接。一次管网与二次管网均包含供水管和回水管。热源生产的热量通过一级换热站进入一次管网,将热量合理分配到各个二级换热站。再经过二次管网,将热量送达热用户,同时,冷却后的工质进入回水管形成循环。供冷网与供热网类似,是连接区域集中制冷站与用户的桥梁,传输介质主要为冷冻水。

氢能源网与天然气网类似,只是其传输的介质不同,分为液态氢和气态氢进行传输,目前氢能源还处于发展阶段,还未形成具规模的能源传输网络,但氢能源作为清洁能源,未来发展前景广阔。

**3. 多元能源网融合的驱动力**

电、气、冷/热、氢等作为用户主要的消费能源,需经过传输网络将能源生产端与用户端相连,综合前述,智能电网与不同能源网的特性对比见表1-1。

表1-1　智能电网与不同能源网的特性对比

| 能源网 | 能量传递特点 | 规模 | 与电网交互/转换技术 | 传输效率 | 存在调控问题 |
|---|---|---|---|---|---|
| 智能电网 | 能量传递瞬时性,不能大规模存储 | 远距离、大规模、拓扑复杂 | 直交转换(整流、逆变)交流变压/直流变压 | 理论线损5%~10%管理线损(人为因素) | 峰谷差调节调频 |
| 天然气网 | 系统惯性较电网大,能量能够在网络中大规模存储 | 跨区域远距离传输城市内网状分布 | 电转气(P2G)天然气发电冷热电联产(CCHP) | 管输损耗主因:计量误差、泄漏、其他人为因素 | 调峰问题气源均匀供气与用户不均匀用气的衔接 |
| 供冷/热网 | | 城市区域网为主 | 热电厂(热→电/热)冷热电联产(CCHP) | 热网热效率应为90%~95%;受输送条件影响 | 调峰问题平衡用户热量 |
| 氢能源网 | | 液态氢:短距离气态氢:长距离 | 电解水制氢氢燃料电池(氢→电) | 与天然气网类似 | 调峰问题 |

表 1-1 描述了不同能源网络的特性，在未来新能源消纳需求、能源综合利用效率提升以及能源市场化进程加快的过程中，可以看出：

1）未来新能源发展迅速，依赖电网本身的调节能力，对太阳能、风能等新能源的消纳仍存在限制，尽管储能技术的发展为解决新能源消纳带来了新的途径，但其高昂的成本仍是限制其应用的重要因素。倘若能借助天然气网、供冷/热网、氢能源网等具有大规模储能优势的能源网，利用能源转换技术实现互补，将突破电网自身的局限，使得新能源的消纳手段大大增加。

2）天然气网、冷/热气网、氢能源网存在的调峰问题、智能电网的峰谷差调节问题，其本身均是其能源网络运行的局限性。若能协调统一调度，通过能量转移、信息引导，促进削峰填谷（如借助建设能源站进行能量互补等），将不同能源网络联合运作起来，提高能源控制裕度，则可有效提高能源综合利用效率。

3）当前电力市场改革步伐加快，但能源不仅仅是电力问题，若能源市场化只是不同能源供应商采取各自为政的策略，则无法调动积极性，促进不同能源之间在技术之间的优势互补。因此，市场化的过程应该是建立多能源市场，以经济去引导能源系统的建设，促进智能电网与能源网的融合，推进技术层面的变革。

综上所述，智能电网与能源网之间交互技术的发展使智能电网与能源网物理融合成为可能。如何综合考虑不同能源网络的规模程度与传输效率，进行协调配合与优势互补，突破自身运作的局限性，既是智能电网与能源网融合的目标，也是两者融合的驱动力所在。

## 1.2 能源技术取得的突破

### 1.2.1 新能源成本的快速降低

随着全球各国面对气候变化和环境问题恶化与自身发展和能源不断增长需求的重要矛盾，新能源的大规模开发和利用成为必然发展趋势。国内外大部分机构对未来 20~30 年间的可再生能源增长均持乐观态度。如 BP 公司和美国能源信息署（EIA）依据相关的统计数据均认为可再生能源将成为增长速度最快的能源，增长率达 2%~6%，EIA 预计 2035 年可再生能源总量有望翻两番，其占全球发电量比重约为 16%[1]。

可再生能源在未来高速增长的重要原因在于其成本的快速下降。图 1-2 所示为国际可再生能源机构对 2009~2025 年全球光伏发电平均成本的统计和预测。随着光伏阵列制造技术的提升，包括光伏组件和逆变器等主要部件成本大幅下降，预计 2025 年与 2009 年相比，光伏装机成本缩减至近五分之一。

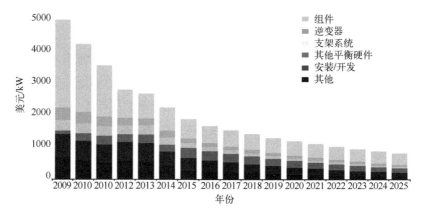

图 1-2　2009~2025 年全球光伏发电平均成本的统计和预测（数据来源：IRNEA）

据彭博新能源财经 2015 年的研究分析，与气电及火电相比，陆上风电度电成本在英国和德国更具有竞争优势。我国陆上风电度电成本为 77 美元/（MW·h），优于气电的 113 美元/（MW·h），但仍逊于煤电的 44 美元/（MW·h）。而美国煤电与火电成本仍最为便宜，陆上风电和光伏的度电成本仍处于 80~110 美元/（MW·h）的水平。尽管目前新能源与常规能源在成本方面优势并未尽显，但在未来短短几年间新能源成本将迎来新的逆转。美国能源信息署预测的 2022 年各类型发电厂度电成本见表 1-2，可见陆上风电和光伏发电等可再生能源成本将大幅下降，这预示着未来可再生能源开发利用将面临有利局面。

表 1-2　2022 年美国各类型发电厂度电成本（来源：EIA）

| 发电厂类型 | 度电成本/［美元/（MW·h）］ |
| --- | --- |
| 常规能源 | |
| 煤电（含碳捕捉技术） | 140 |
| 天然气 | 58~110 |
| 核能 | 103 |
| 地热 | 42 |
| 生物质能 | 96 |

（续）

| 发电厂类型 | 度电成本/［美元/（MW·h）］ |
|---|---|
| 可再生能源 | |
| 陆上风电 | 57 |
| 海上风电 | 147 |
| 光伏发电 | 66 |
| 集热式太阳能 | 180 |
| 水力发电 | 67.8 |

## 1.2.2 能源领域新材料取得的新突破

可再生能源高比例接入和快速增长的能源需求使得能源大规模传输与存储、能源系统安全稳定运行以及终端能源利用效率提升等方面成为未来能源网发展的关键问题。若新材料在能源传输、绝缘防护、装备性能、电能变换和规模化能量存储等领域取得重大突破，将对上述一系列严峻挑战发挥着不可替代的核心作用，同时也为实现智能电网与能源网融合提供有力的技术支撑。

在能源传输方面，网络损耗是制约可再生能源广域接入背景下大规模能源远距离传输的重要难题之一。目前超导材料和新型电材料成为学术界的研究热点，关键技术指标正朝着电阻率低、机械强度高、耐腐蚀、磨损性能好、可加工性好、性价比高等方向发展，未来对实现大容量、远距离、高效率的能源输配供将产生重大影响。

在绝缘防护方面，未来特高压输电电压等级的提高，输电网络规模的扩大，电力电子的广泛深层次应用以及气电混合网络传输等新形态都对绝缘新结构和新技术提出了新要求。智能绝缘材料和纳米改性绝缘材料等新型绝缘材料，具备仿生功能和感知环境能力，绝缘强度和可靠性得到了充分提升，适用于多场景的恶劣工况，为保证未来智能电网和能源网融合发展提供了安全、可靠、环保的必要支撑。

在装备性能方面，先进电工磁性材料的研制可极大推动电工装备的持续发展和新装备的研制，提高电网智能电力设备的设计水平和效率，减小电力设备的体积和质量，其应用于电网的智能传感器将有助于实现电网信息采集和状态监测，提高新型电力系统运行的可靠性。磁性材料的应用是智能电网与能源网提高效率的重要手段，也是智能电网与能源网融合可靠运行的重要保障。

在电能变换方面，目前以硅基半导体为典型的半控型器件和全控型器件应用最为广泛。然而，半控型器件因自身特点会在系统故障时造成二次影响，全控型器件则由于容量和耐压耐流等瓶颈问题无法取得新的突破，这严重制约了电力电子技术在未来电网和能源网中的应用。以碳化硅（SiC）和氮化镓（GaN）为代表的新型宽禁带半导体材料因具有极低导通比电阻、高开关速度和频率以及 4 倍于硅器件的最大理论工作温度，将以其优异的性能在未来电网的发电、输电和用电等方面得到更广泛应用。宽禁带半导体设备的引入，必将给智能电网带来革命性的变化。

在能量存储方面，储能装置以电能、动能、热能等形式为主，可以为电网和能源网提供能量缓冲作用，作为网络中的特殊单元，可以被灵活控制和调度。目前储能材料的研制重点集中在低成本、高能量密度、大容量、长寿命等关键问题的攻关上，已出现了超级电容活性材料、高能量密度锂离子电池材料、半固态锂电池等一批新型材料。储能材料和技术的进一步发展，将在实现能源网的削峰填谷、改善电能质量、提高供电供能可靠性、提高可再生能源并网发电率和提高能源转换效率等方面发挥更为突出的作用。储能是实现电网安全、可靠、清洁、高效、经济的必要环节，也是实现智能电网与能源网融合的重要功能单元。

## 1.2.3　互联网技术在能源领域的应用优势

近年来，互联网凭借其方便、快捷，能轻易实现资源共享和实时交互等特点，广泛应用于传统行业。将互联网与能源行业相融合，能够充分发挥互联网在资源配置方面的优化和集成作用。"互联网+"智慧能源即是从互联网的思维和技术出发，构建以电力系统为主体，多类型能源互联的网络，它实现了横向多源互补，纵向"源-网-荷-储"协调，形成能源与信息高度融合的新型能源体系。

利用互联网技术提供的互联互通、透明开放、互惠共享的信息网络平台，将打破现有能源产、输、用之间的不对称信息格局，并且通过互联网技术促进能源系统扁平化，推进能源生产与消费模式革命，提高能源综合利用效率，推动节能减排。在能源生产方面，互联网以广域的信息获取能力及庞大的计算能力实现能源生产调度的智慧化,使得能源系统适应分布式可再生能源的高度渗透;在能源传输方面,智能电网与能源网的融合,在渗透了互联网技术后,将形成开放对等的信息-能源一体化架构,真正实现能源的双向按需传输和动态平衡使用,促使能源传输网络的智慧化;而在能源消费端,互联网的资源共享性则将推进能源消费者向能源产消者转型,灵活按需生产或消费能源,促进能源消费智慧化。因此,智能电网与能源网的融合在信息层面离不开互联网技术的渗透,其将有效解决能源行业对提高新能源消纳比例、提高能源综合利用效率、深化能源共享等方面的迫切需求。

## 1.3 智能电网与能源网融合的优越性

### 1.3.1 推动能源供给革命,提高新能源消纳能力

能源供给革命是能源革命的重要支撑,其主要内容包括大力推进煤炭清洁高效利用,着力发展非煤能源,形成煤、油、气、核、新能源、可再生能源多轮驱动的能源供应体系,同步加强能源输配网络和储备设施建设。从能源供给革命的需求看,推动能源供应体系转型升级的核心在于提高新能源的利用比例,并基于新能源利用比例的提高,调整能源利用结构,实现能源结构由高碳能源向低碳能源发展,解决能源资源难以为继和生态环境不堪重负的问题。我国新能源装机容量正在高速增长,已成为世界上最大的太阳能发电国,但当前新能源消纳能力还有待提高。传统电网调节能力有限,面对未来新能源不断渗透的场景,仅靠电网来进行消纳可能会显得不足。新一轮能源系统正在兴起,智能电网与能源网融合成为能源系统转型的路径,它将为新能源消纳能力的提高带来新的途径,以此推动能源供给革命。具体实现途径如下:

1) 智能电网与能源网的融合,在物理系统层面,将电力、燃气、热力、储能等资源捆绑为整体资源,实现能源替代优化,统一解决有关能源的有效利用和调峰问题,通过不同能源之间的相互转化,满足不同能源网络的需求,实现资源互补,为新能源的消纳提供了更多手段,因此相比智能电网,新能源消纳能力将得到有效提升。

2) 智能电网与能源网的融合,在信息系统层面,将运用新一代互联网、云计算、大数据等信息技术提高能源系统灵活性、接纳和供应能力,最大程度上

利用间歇性、分布式能源，构建多元化的可持续能源供应体系。

## 1.3.2 推动能源消费革命，提高能源综合利用效率

"能源消费"是一定时期内，物质生产与居民生活消费等部门消耗的各种能源资源。习近平总书记提出了推动能源消费革命，抑制不合理消费的战略构想，其中，对"能源消费革命"的理解是，生产或生活中利用新的技术手段或改变人们的消费行为，从而使能源消费状况和人类社会发展形态发生飞跃式变化的过程。因此，能源消费革命侧重于从能源消费侧入手，其核心是提高消费终端的能源利用效率，并提倡节能，建立节能型社会，降低能耗。

在我国，用户侧节能增效，提高终端能源利用效率潜力巨大，将传统重视源端的节能改造转移到用户终端来，是能源系统转型升级的另一重要举措。对于传统电网，我国电力终端能效提升的技术除了一般的更换更节能设备以外，更重要的技术措施还是实施电力需求侧管理。电力需求侧管理指的是电力企业采用行政、技术或者经济等手段，与用户共同协力提高终端用电效率、改变用电方式。近年来，我国的用户侧电力能效提升技术迅速发展，在节能降耗、维护生态环境方面起了至关重要的作用。但仍存在不少问题，如监测用户能耗数据不健全，控制用能系统的设备落后等，这些都有待进一步解决。但实际上，对于用户来说，除了电力用能外，他们还有天然气、用热、用冷的用能需求，如果能综合考虑这些能源，进行终端能源的综合优化，利用不同能源之间的互补性，将进一步提升能源综合利用效率。从这方面来看，智能电网与能源网的融合亦成为必须，其具体提高能源综合利用效率的途径如下：

1）智能电网与能源网的融合，在物理系统层面，可通过在负荷侧新增冷热电联产（CCHP）等多能流机组提高能源的综合利用，相比仅用燃气轮机发电，实现三联产后能源综合利用效率将从原来的约40%提升至80%。同时，可建设能源转换中心，实现用户侧多能流的互动，实现多能互补。

2）智能电网与能源网的融合，在信息系统方面，将通过大数据、云计算等新一代信息技术，实时获取海量的用户数据，进行数据挖掘，进一步提升用户的节能空间。在信息系统不断发展完善的情况下，用户的需求侧响应能力及效果亦将进一步提高。

### 1.3.3 推动能源体制革命，提供市场化所需技术支撑

能源体制革命是能源革命的制度保障。能源体制革命强调还原能源的商品属性，构建有效竞争的市场结构和市场体系，形成主要由市场决定能源价格的机制，转变政府对能源的监管方式，建立健全能源法治体系。其中，还原能源的商品属性是关键，利用市场机制、经济学去引导能源的生产和消费，是提高能源资源利用效率的一大有效方法。

能源体制革命需要政府有所作为，在这一方面，国家积极推进电力体制改革，颁布电改 9 号文开放增量配售电市场，已经在能源市场化的路上迈出了一大步。同时，国家正不断推进"互联网+"智慧能源的建设，这正是希望通过互联网行业公开、透明的特性来推动能源市场化的发展。一系列政策的提出是我国能源行业市场化的重要支撑。但与此同时，能源的市场化也需要技术的支撑。事实上，我国电力市场的概念虽已提出多年但成效未见显著，随着"能源互联网""互联网+"智慧能源等概念的提出，多能源耦合成为趋势，而相比之下，多能源市场的开放相比单一的仅提供电力市场将更加能够促进资源的互通和有效利用，而智能电网与能源网的融合正是在技术层面上提供了这样一个环境。因此，智能电网与能源网的融合为市场化提供了所需的技术支撑，其具体路径如下：

1）通过智能电网与能源网的融合，在物理层面消除不同能源网络之间的技术壁垒，使得多能源在物理层面上可以互联互通，进而使得多能源市场化的建设成为可能。

2）智能电网与能源网的融合，运用新一代信息技术实现能源信息的透明化，为能源交易提供技术支撑，利用大数据分析能源流动的各环节，感知用户需求，为能源市场建立提供技术保障。

## 1.4 本章小结

能源开发与利用现状所带来的挑战以及新技术突破所带来的机遇，为智能电网与能源网的融合提供了重要的契机。智能电网与能源网的融合将通过技术的进步和创新推动能源生产、消费两大革命，实现能源消费总量控制，节能优先，提高终端综合能源利用效率，并建立多元化的能源供应体系。同时，在以

能源体制革命推动能源市场化的背景下，智能电网与能源网的融合将为市场化提供技术支撑。智能电网与能源网的融合顺应着能源转型发展的大趋势，对推动我国能源革命，实现能源转型有着积极的作用，这都使得智能电网与能源网的融合成为必然。

## 参考文献

［1］国际可再生能源机构：十年内光伏平均发电成本有望下降59%［J］. 中国产业经济动态，2016(12)：44-45.

# 第2章 智能电网与能源网的融合模式

智能电网与能源网的融合，指的是能源系统在物理层面实现智能电网与能源网的耦合互联，而在信息层面借助于能源信息专用网、互联网等技术实现不同能源网络之间信息的互联互通。着眼于能源技术革命的基础性作用，同时综合智能电网与能源网自身运作的局限性以及互联网对能源行业的推进作用，智能电网与能源网的融合将突破其单向运作的局限性，并借助互联网的优势，打造新一代安全、清洁、智能、高效可持续发展的能源系统。智能电网与能源网融合的目标如下：

1）实现能源结构优化。

2）实现可再生能源消纳比例的提升，包括大规模可再生能源的集中消纳以及高比例可再生能源的就地消纳。

3）实现多能互补以及能源利用效率的提升，包括能源传输效率的提升以及用户终端能源综合利用效率的提升。

4）实现能源系统与互联网技术的深度融合，并基于此推动能源商品属性的还原以及传统能源智慧化升级。

此外，从行业视角来看，智能电网与能源网的融合主要涉及电力行业、其他能源行业、互联网行业三大行业。本章重点从不同行业力量博弈的角度出发，提出智能电网与能源网融合的三种典型模式，阐述不同融合模式的形态特征与形成约束。并围绕新能源消纳、能源利用效率提升、能源系统与互联网技术深度融合三大目标，提出三种典型场景，即广域互联能源网、区域与用户级智能能源网和"互联网+"智慧能源。

## 2.1 国内外发展现状

由于煤炭、石油等传统化石能源的不可再生性，提高能源利用效率、发掘新能源并实现可再生能源规模化开发，已成为解决人类社会发展过程中日益凸显的能源需求增长与能源紧缺、能源利用、环境保护之间矛盾的必然选择[1,2]。而打破原有各供能系统单独规划、单独设计和独立运行的既有模式，实现智能电网与能源网的融合，也将成为适应人类社会能源领域变革、确保人类社会用能安全和长治久安的必由之路。不同国家对未来能源系统的发展已有一定的研究成果，尽管定义、命名不同，但本质均是扩大智能电网的互联范围，深度融合能源网，进一步提高能源系统的经济和安全性[3-5]。

美国能源部于 2001 年提出了针对能源网的发展计划，2007 年颁布了能源独立和安全法案（EISA），明确要求社会主要供能（电力和天然气）系统必须开展综合能源规划，综合能源系统的研究被提升为国家战略行为；2008 年，美国国家科学基金项目"未来可再生电力能源传输与管理系统"（The Future Renewable Electric Energy Delivery and Management System，FREEDM System）研究了一种构建在可再生能源发电和分布式储能装置基础上的新型电网结构，其理念是在电力电子、高速数字通信和分布控制技术的支撑下，建立具有智慧功能的革命性电网构架，通过综合控制能源的生产、传输和消费各环节，实现能源的高效利用和对可再生能源的兼容。2009 年美国总统奥巴马将智能电网列入美国国家战略，其终极目标为利用新型信息技术构建一个高效能、低投资、安全可靠、灵活应变的综合能源系统。加拿大将综合能源系统视为实现其 2050 年减排目标的重要支撑技术，而关注的重点是社区级综合能源系统（Integrated Community Energy System，ICES）的研究与建设，并将推进 ICES 技术研究和工程建设列为 2010~2050 年的国家能源战略。

此外，美国著名学者杰里米·里夫金在其新著《第三次工业革命》一书中，首先提出了能源互联网的愿景。里夫金预言，以新能源技术和信息技术的深入结合为特征的一种新的能源利用体系，即"能源互联网"即将出现。里夫金认为能源互联网应具有如下特征：

1）支持由化石能源向可再生能源转变。

2）支持大规模分布式电源的接入。

3）支持大规模氢储能及其他储能设备的接入。

4）利用互联网技术改造电力系统。

5）支持向电气化交通的转型。

从上述特征可以看出，里夫金所倡导的能源互联网的内涵主要是利用互联网技术实现广域内的电源、储能设备与负荷的协调；其最终目的是实现由集中式化石能源利用向分布式可再生能源利用的转变。近年来，可再生能源、分布式发电、智能电网、直流输电、储能、电动汽车等新能源技术与物联网、大数据、移动互联网等信息技术的不断发展，为第三次工业革命奠定了坚实基础。能源技术和信息技术的深度融合，即形成了能源互联网。

　　欧洲是最早提出综合能源系统的概念并付诸实施的地区。欧盟第 5 框架中有关多种能源形式协同优化的研究被置于显著位置，如分布式发电运输与能源（DGTRE）项目将可再生能源综合开发与交通运输清洁化协调考虑；在欧盟第 6 框架和第 7 框架中，能源协同优化的相关研究进一步得到深化，实施了诸如 FP6 中的微网与多微网（Microgrids and More Mirogrids）项目、FP7 中的泛欧网络（Trans-European Networks）和智能能源（Intelligent Energy）等一大批具有国际影响力的重要项目。欧洲还开展风电一体化项目的研究，来自欧洲 4 个地区的 13 个国家共同携手打造的欧洲电力供应规划，其希望研究一种市场和技术之间良好的互动模式，以市场为主导，以电力系统互联为基础的发展可再生能源的模式，共同解决可再生能源并网的挑战。

　　此外，欧洲各国还根据自身需求开展了大量更为深入的相关研究，如英国的高度分布式电力系统（Highly Distributed Power Systems，HDPS）项目关注大量可再生能源与电力网间的协同问题，未来高度分布式能源（Highly Distributed Energy Future，HiDEF）项目关注智能电网框架下集中式、分布式能源系统的协同优化。丹麦政府计划在 2050 年全面摆脱化石燃料，实现零碳社会，其构建的未来能源系统将涵盖海上风力发电，潮汐发电，陆上电动、混合燃料汽车，太阳能、地热能发电及储能。除大力推广能源系统计划外，丹麦还正通过技术创新以及推广建筑节能规范等方式不断提供能效。2008 年德国联邦环境部和经济与技术部在智能电网的基础上推出了 E-Energy 计划，提出在整个能源供应体系中实现完全数字化互联以及计算机控制和监测的目标。E-Energy 充分利用信息和通信技术开发新的解决方案，以满足未来以分布式能源供应为主的电力系统需求，它将实现电网基础设施与用电器之间的相互通信和协调。2011 年开始，德国在环境部和经济与技术部等机构的统一领导下，每年追加 3 亿欧元，从能源全供应链和全产业链角度实施对能源系统的优化协调，近期关注的重点是可再生能源、能源效率提升、能源存储、多能源有机协调以提高能源供应安全等方面的问题。

　　在亚洲地区，日本是最早开展新型能源系统研究的国家。2009 年，日本政府公布了其在 2020 年，2030 年和 2050 年的温室气体减排目标，拟构建覆盖全国的新型能源系统，实现能源结构优化和能效提升，并促进可再生能源的规模化开发。2010 年，日本新能源产业的技术综合开发机构（NEDO）发起成立了日本智能社区联盟（JSCA），主要致力于智能社区技术的研究与示范。2011 年 9 月，日本数字电网联盟成立，并倡导"数字电网"。日本数字电网完全建立在信息互联网上，用互联网技术为其提供信息支撑，通过逐步重组国家电力系统，逐渐把同步电网细分成异步自主但相互联系的不同大小的子电网，给发电机、电源转换器、风力发电场、存储系统、屋顶太阳能电池以及其他电网基础结构等分配相应的 IP 地址。而东京燃气公司（Tokyo Gas）则提出了更为超前的综合能源系统解决方案，即在上述传统综合供能系统基础上，还将建设覆盖全社会的氢能供应网络。

我国智能电网与能源网融合的相关技术发展尚处在起步阶段。在 2015 年的政府工作报告中，李克强总理明确指出并制定了"互联网+"行动计划，旨在推动互联网技术与现代制造业的融合，提升传统制造业的现代化水平。2015 年 7 月发布的《国务院关于积极推进"互联网+"行动的指导意见》把"互联网+"智慧能源列为重点行动领域之一。全国"十三五"能源规划工作座谈会强调，"十三五"期间，要着力推进能源系统优化，实施电力和天然气调峰能力提升、分布式能源和智能电网发展、"互联网+"智慧能源等行动计划，显著提高能源系统的智能化水平和运行效率。2014 年 7 月，国家电网公司在电气与电子工程学会（IEEE）电力与能源协会年会上首次提出构建全球能源互联网的构想，2015 年 4 月，国家能源局组织召开能源互联网会议，提出制定"能源互联网行动计划"。2016 年 3 月，国家发改委、国家能源局发布《能源技术革命创新行动计划（2016-2030 年）》将能源互联网技术创新列为一项重点任务。

国内相关研究机构和制造商正加紧探索能源互联网技术的研究与实践，并取得了一系列成果。在科学研究方面，天津大学早在 2009 年就承担了国家"973"项目，研究区域与用户级智能能源网（简称微网）的规划设计、运行控制和仿真分析等问题，并在科技部的支持下建设了多个微网示范工程。在研究机构设置方面，2015 年 4 月，清华大学成立能源互联网创新研究院，致力于建立我国基础设施智能化、生产消费互动化、信息流动充分化的新型能源体系，促进能源市场体系建立，推动能源科技创新变革，带动能源关联产业发展；

2015 年 10 月，华北电力大学成立能源互联网研究中心，旨在充分利用当前科技发展优势，在科学研究、产业化和人才培养等方面，促进能源互联网发展。在企业技术研发方面，由国内联方云天科技（北京）公司设计开发的"Energy-yRouter"，可以支持多路电源输入，包含交流、直流、可再生能源及电池，能源转换效率高并具备智能输入切换能力、UPS 不断电能力及大容量电池组管理功能，若同时将多台"EnergyRouter"并网输出，即可形成直流微网；新澳集团提出了泛能网的概念，即利用智能协同技术，将能源网、物质网和互联网耦合形成"能源网"模型，泛能网概念是目前国内提出的体系较为完善的一种能源网的技术体现。

## 2.2　融合模式的三种形态

图 2-1 所示为智能电网与能源网融合所涉及的 3 个网络，即智能电网、能源网及互联网。同时，3 个网络主体也分别代表相关行业的力量，即电力行业、其他能源行业及互联网行业。未来智能电网与能源网的融合，将取决于不同行业力量之间的博弈结果，融合模式存在从不同行业的视角（即图中 A、B、C 3 个视角）看待而形成的 3 种模式，分别称之为"智能电网 2.0""互联能源网"及"'互联网+'能源网"[6]。

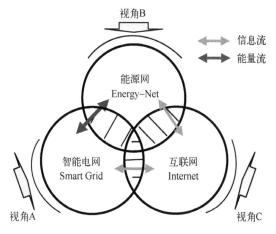

图 2-1　智能电网、能源网和互联网的融合关系

### 2.2.1　视角 A：智能电网 2.0

智能电网的主要特点为自愈、互动、更加安全可靠、经济高效、兼容分布式能源接入（Distributed Generation，DG），是结合电力技术、通信技术以及计算机控制技术，实现高度自动化、响应快速和灵活的电力传输系统[7,8]。在视角 A 下，电力行业在同其他行业的博弈结果中占优势地位，以智能电网为主体进行了三者的融合，是智能电网的进一步升级，将其称为智能电网 2.0。

**1. 物理融合特征**

智能电网 2.0 这种融合网络的物理形态特征首先是电网中心论，能源利用体系的特征为，在微观上，以适应区域内大规模 DG 接入、实现区域能源自治为目标，建设多个微电网单元，规模可以是智能家居、智能楼宇或智能产业园区等；在宏观上，以（特）高压交流/直流大电网为主干网架，实现远离负荷中心的集中式光伏/风能等电能生产基地、不同区域电网之间的互联，促进能源资源互补。其中的趋势是，可再生能源将逐步替代传统化石能源成为能源生产主导，并转化为电能进行传输；能源消费终端也将被电能所替代，利用电制冷/热、电磁炉等电器替代对传统燃料的需求；电气化交通系统通过充电桩/站、蓄电池等充/放电装置与智能电网形成交互，逐渐摆脱对化石燃油的依赖。

**2. 信息融合特征**

智能电网 2.0 仍以电力专用通信网络为主，但引入了大数据和云计算等互联网技术。其将通过遍及全网的量测体系和强大的通信计算能力，使得以智能电网为主要呈现主体的融合网络更具有弹性，进而更加安全、经济、高效地运行。微电网单元能量流的控制主体为微电网单元调度运营商，其主要职能为充分调动微电网单元内部的控制手段，如 DG、储能和可控负荷等，实现微电网的功率平衡、安稳控制和优化运行。而用户则通过智能电表与微电网单元调度运营商进行电费结算。在与外部大电网交互上，微电网单元被视为一个整体，能量流的控制与电量结算信息将由上级下达至各微电网单元调度运营商并由其进一步实现微电网与上级电网的协调控制。

综上，同智能电网的基本属性相比，智能电网 2.0 的突出特征如下：

1）不限制电网 DG 接入比例，同时利用储能和可控负荷等手段，使负荷可以随发电出力的大小进行智能调节，以适应电网 DG 高渗透[7,8]。

2）大数据和云计算等技术被广泛应用，利用其挖掘系统潜在模态与规律，并以更高计算速度满足系统在线实时分析与控制的需求[9,10]。智能电网 2.0 框架如图 2-2 所示。

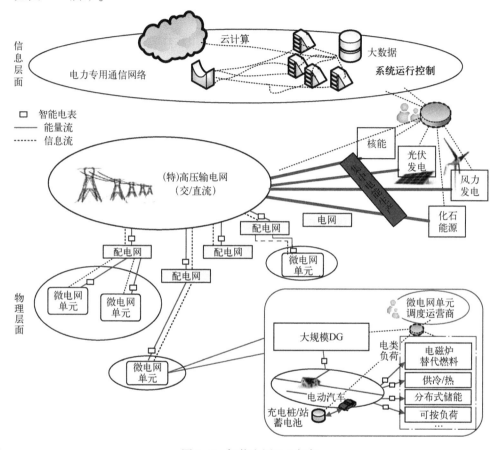

图 2-2　智能电网 2.0 框架

### 3. 模式效益

智能电网 2.0 以智能电网为核心网络，各种能源转换为电能供用户使用，电力专用网采集各种数据并借助大数据和云计算等技术服务于智能电网的优化运行。该模式的效益在于：

（1）电能进行跨距离传输的优势

在现有的技术水平下，电能进行长距离能量传输仍具有优势。智能电网 2.0 以智能电网为核心网络，将实现跨区域能源资源的优化配置，特别是像我国这样一个能源资源呈逆向分布的情况，将能源转换成电能进行跨区域远距离输送（如西电东送等），可以实现不同地区能源资源的互补。

（2）电能替代的优势

电能作为二次能源，相对传统的化石能源具有明显的清洁、安全和可再生优势，研究表明，电能的经济效率是石油的 3.2 倍、煤炭的 17.27 倍，即 1 t 标准煤当量电力创造的经济价值与 3.2 t 标准煤当量的石油、17.27 t 标准煤当量的煤炭创造的经济价值相同。并且，太阳能、生物质能、风能、地热能、波浪能、洋流能、潮汐能等新能源，无论是广域集中式生产，还是分布式就地小型开发，将其转换成电能并进行能量的输送是最具效率的，但当新能源电力接入比例过大时，电网需增加调控手段以提高新能源的消纳能力。

但是，智能电网 2.0 强调物理层面以电能的形式进行不同能源网络之间的耦合，局限性在于能源市场化的不足。能源市场化后，能源市场参与者，包括发电商、售电公司以及用户等，可以通过价格等市场机制调整自身的行为，是调动源、荷主动参与能源系统协调调度的有效手段，它可以改变传统调度模式（即单一方向调度）所带来的不足，将能有效地促进削峰填谷等。

## 2.2.2　视角 B：互联能源网

在视角 B 下，除电力行业外的其他能源行业在博弈过程中逐渐显露优势，融合网络中的智能电网和能源网同为平等主体，将其称为互联能源网。

### 1. 物理融合特征

互联能源网强调智能电网与能源网并存，最重要的思想在于"去中心化"，即智能电网与能源网的统一存在并无须以何种能源网络（如智能电网）作为主导。在互联能源网下，电、热、冷、气等各式能源将通过各类能源转换器实现物理上的连接与交互，并不完全都需要经过电网。在 DG 高度渗透的未来，还可以直接由 DG 转化成用户所需的各种能源，智能电网的统治力被削弱。互联能源网以微网单元建设为主要特征，所述的微网，指根据用户对各种能源的需求而构建的多能源耦合系统（包括电、热、冷、气等能源），可孤立运行，亦可与外部跨区域主干网并网运行。智能电网 2.0 与互联能源网能源的利用体系见表 2-1。

表 2-1　智能电网 2.0 与互联能源网能源的利用体系

| 对比项 | 智能电网 2.0 | 互联能源网 |
| --- | --- | --- |
| 能源生产 | 以清洁能源为主，集中/分布式能源生产<br>一次能源在生产端转化为电能 | 以清洁能源为主，集中/分布式能源生产<br>一次能源不一定转化为电能 |

（续）

| 对比项 | 智能电网 2.0 | 互联能源网 |
|---|---|---|
| 传输网络 | 微观上由众多微电网单元构成，实现电力传送和分配<br>宏观上由大电网实现跨区域能源互联 | 微观上由众多微网单元构成，实现多种能源传送和分配<br>宏观上由多种跨区域能源传输通道实现远方能源互联 |
| 能源消费 | 电能消费为绝对主体，各类电器替代对燃料的需求 | 多种能源消费并存，视用户所需 |

**2. 信息融合特征**

类似于智能电网 2.0，互联能源网的信息网络仍以专用网为主，但智能电网、能源网之间的专用网可以是公用的。同时引入了大数据和云计算等互联网技术，利用其提供的计算资源及计算平台，对不同形式的能源资源进行综合管理和供需平衡调度，比如互为调峰和储能，为能源系统提供安全保障，并提高能源综合利用效率。而微网单元能量流的控制主体则为微网单元调度运营商，功能与微电网单元调度运营商类似，只是其所管理的网络物理形态不同。综合物理融合和信息融合特征，互联能源网框架如图 2-3 所示。

**3. 模式效益**

互联能源网强调多种能源互联互通，并同时为用户所选择使用，能源系统专用网采集各种数据并借助大数据、云计算等技术服务于能源网的优化运行。互联能源网融合了智能电网及多种能源网，该模式的效益如下：

（1）多能源传输的互补优势

智能电网大规模消纳新能源的局限性，除了利用储能技术来解决，还可借助于不同能源网（天然气网、供冷/热网、氢能源网等）的大规模储能优势，多种能源网络融合之后，结合不同网络的调节需求，将大大增加能源调控的裕度，可有效解决新能源大规模消纳问题。

（2）多能源耦合对综合能效的提升

多能源耦合为能源综合效率的提高提供了新的途径。在供能侧，可根据负荷侧需求直接供应相应种类能源，避免二次能源的多次转换；在负荷侧，可利用各种能源特性的时空互补特性，实现能源峰谷差的削减，优化利用效率。表 2-2 和图 2-4 以热电联产和热电分厂为例，表明了多能源耦合对综合能源利

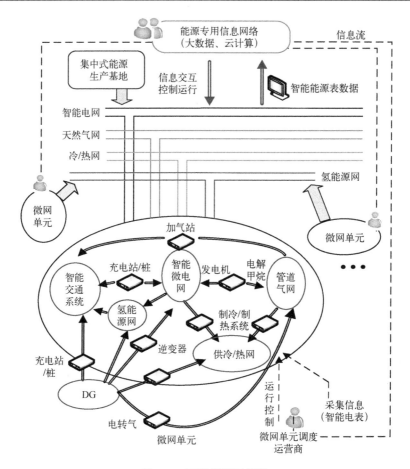

图 2-3　互联能源网框架

用效率提升的优势。

表 2-2　热电联产和热电分厂的区别

| 方　　式 | 能源输入 | 能　　耗 |
|---|---|---|
| 热电分产 | 148 | 43.9% |
| 热电联产 | 100 | 17% |

　　类似于智能电网 2.0，互联能源网的局限性亦在于该模式能源市场化不足，互联网技术仅用于物理网络优化运行水平的提高，但还未真正发挥互联网公平、共享的特性，还原能源商品属性。

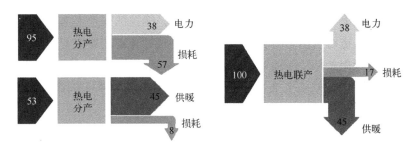

图 2-4　热电联产与热电分厂效益的区别

## 2.2.3　视角 C："互联网+"能源网

近年来，Internet 发展已超越了其技术范畴，正以巨大的力量逐步颠覆多个传统产业的生产和经营方式，建立了极富特色的"互联网+"技术与商业模式，形成更广泛的以互联网为基础设施和创新要素的经济社会发展新形态。在视角 C 下，智能电网与能源网的融合模式正是强调这种利用互联网颠覆传统能源行业的技术革命与商业模式，互联网行业崭露头角，其在满足用户需求的同时，催生新的能源产业链。此种模式更加强调的是基于互联网的信息融合以及所带来的商业模式创新。

**1. 物理融合特征**

在"互联网+"能源网的融合模式下，物理网络最终的形成模式将取决于互联网中不同决策主体（用户、售能公司和物理网络运营商等）博弈的结果，在公开透明的信息背景下，各式能源供应商以其新兴的商业模式吸引用户并推动能源供应源、能源传输通道等物理网络的建设。因此在物理融合特征上，可以有更加多元化的形式，包括以智能电网为主的电能传输网络及智能电网、能源网并存等形态。即是说，物理层面的融合特征更多地受到市场行为的支配，技术的发展是基础，在互联网发展下市场参与者结合技术发展和需求，进行物理网络的建设。

**2. 信息融合特征**

"互联网+"能源网的信息网络以互联网为主，整个物理网信息透明、公开、公平、对等，用以满足不同决策主体的信息需求。信息融合是视角 C 的重点所在，基于信息融合引发的商业模式是视角 C 的核心特征。在"互联网+"能源网下，不同的能源供应商、不同时段的能源价格、不同能源交易准则等信息将被放于互联网平台上分享，类似于电子交易模式，能源的生产者和消费者亦将通过互联网平台，进行自由平等的能源交易。中间物理网的存在只是完成供需双方交易的一种约束条件，所谓约束，是指用户可从哪些渠道（通道）获得能源。若存在某种通道约束制约了双边交易，而在此通道下又有利可图时，必将有力量去推动相关网络的建设。

另一方面，物理网络运营商将扮演物流公司的角色，为能源供应、需求双方提供能源输送通道，并借助于大数据、云计算等技术促进能源网安全、可靠和经济运行。其中，能源输送价格的动态核算成为其服务供需双方交易的关键。综上，"互联网+"能源网框架如图2-5所示。

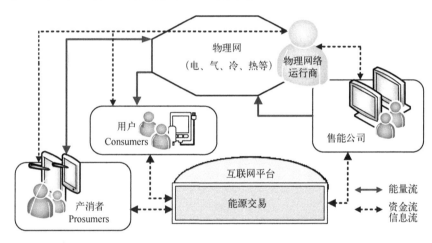

图2-5　"互联网+"能源网框架

### 3. 模式效益

"互联网+"能源网利用信息通信技术及互联网平台，让互联网与传统能源行业深度融合，将互联网与能源行业相融合，能够充分发挥互联网在资源配置方面的优化和集成作用。创造新的发展生态和商业模式，实现能源产消者与其他用户的能源高效共享，互联网数据作用于能源网中的所有生产者、消费者和产消者的效益优化。

"互联网+"能源网模式具有以下优势：

1）利用互联网公平、公开、透明、共享的特性，打破不同能源行业之间的信息壁垒，实现多种能源在效益和效率两个层面的最优。

2）在"互联网+"能源网模式下，将建立信息共享平台，以政策、市场机制等引导用户主动参与能源管理，以提高能源综合利用效率。

3）能源市场化体制将催生新的能源产业链，如能源运维服务、能源自主交易等，刺激新的经济增长点。

## 2.2.4　融合模式的异同

智能电网与能源网融合的模式尽管不一，但它们的共同目标均为在能源系统现有的物理、信息网络建设基础上，借助于互联网技术或互联网平台，实现能源的清洁、便捷、综合高效利用。不管哪种融合形态都会形成信息物理融合的系统，信息流与能量流的耦合越发紧密。

智能电网 2.0、互联能源网以及"互联网+"能源网三种融合模式的不同技术路线如图 2-6 所示，其他区别见表 2-3。

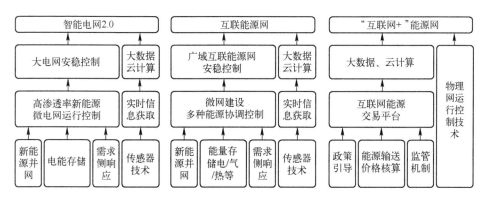

图 2-6　三种融合模式的技术路线

**表 2-3　三种融合模式的区别**

| 对比项 | 智能电网 2.0 | 互联能源网 | "互联网+"能源网 |
|---|---|---|---|
| 建设导向 | 建立以智能微电网为基础的，广域互联的新一代智能电网 | 建立以微网为基础的，多能源耦合的能源系统 | 以能源交易、市场机制引导能源生产和消费，建立创新的能源系统商业模式 |
| 物理层面显著特征 | 强调以电网的形式实现各种能源互联，终端电能替代 | 融合电、气、热、冷等各式能源网络，强调各种能源物理连接与交互 | 多元化，取决于互联网中不同决策主体博弈的结果 |
| 信息层面显著特征 | 以电力专用网为主，大数据、云计算技术服务物理网运行 | 电力、其他能源专用网信息共享，大数据、云计算等技术服务物理网运行 | 以互联网为主体，所有信息透明、公开，并用于服务物理网的运行与运营 |

（续）

| 对比项 | 智能电网 2.0 | 互联能源网 | "互联网+" 能源网 |
|---|---|---|---|
| 类似工作 | 全球能源互联网[11]<br>日本：数字电网[12]<br>欧洲：超级电网[13]<br>美国 FREEDM 配电侧能源互联网[14] | 综合能源网[15]<br>智能能源网[16]<br>新奥集团：泛能网[17]<br>加拿大社区级综合能源系统[18] | Rifkin：能源互联网[19]<br>"互联网+" 智慧能源[20]<br>德国 E-Energy 中 Smart Watts 项目[21] |

## 2.3　融合模式的支撑技术

2.1 节描述了电力行业、其他能源行业及互联网行业博弈下，未来能源利用体系可能的发展方向。这里的博弈更多是从主观意识的角度出发，指的是不同行业之间的政治经济博弈，如争取国家政策支持等。然而，在不同行业诉求、国家宏观政策等主观因素的推动下，融合模式的形成还应受到客观因素的制约，并在主客观因素的共同作用下，使得不同融合模式有不同的应用场景。

能源系统简单来看是个生产—输送（存储、转换）—消费的过程，其中，输送环节是连接能源生产与消费之间的桥梁，包括了能源传输以及信息传输。如何构建这座桥梁并满足供需平衡便是所讨论之智能电网与能源网的融合，其形成的主要客观约束可以从时间和空间两个维度阐述。①时间维度：主要指关键技术的发展。技术的发展具有时间特性，随着时间的推移，技术会不断更新，在不同的时间阶段会有不同的技术约束。②空间维度：主要指在不同地域环境下，原有的能源基础设施、能源资源的产量、负荷量及资源与负荷的空间分布等客观因素。如图 2-7 所示。

本节主要描述融合模式形成的技术约束，而技术约束将从物理层面和信息层面两个维度进行论述。鉴于材料装备技术的发展是智能电网与能源网实现物理融合的基础，也是不同融合模式在物理层面的关键约束，则物理层面的约束主要论述材料装备技术，并从能源传输、存储、转换各个环节的装备制造展开。信息层面约束指的是智能电网与能源网融合中不同融合模式所需的信息技术。

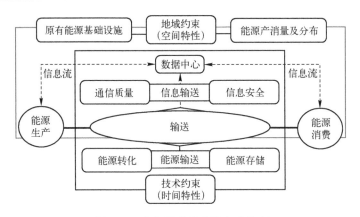

图 2-7 融合模式形成的客观约束

## 2.3.1 材料装备技术

### 1. 能源存储技术

储能技术可以有效地平滑负荷，解决可再生能源发电的间歇性和随机波动性问题，减少峰谷差，提高现有系统设备的利用率及其运行效率，提高系统运行稳定性[22,23]。

电能存储技术的出现，将电能的生产和消费从时间上、空间上解耦，使得电能可以更灵活调度和高效利用。在物理储能方面，抽水蓄能技术相对成熟，可存储大规模电能，达兆瓦·时级，仅受水库容量限制，效率高达75%[24,25]；压缩空气储能是另一种大规模储能装置，但目前传统压缩空气储能存在依赖于化石能源、需特定建造储气室的缺点，与可再生能源耦合、带蓄热、微小型及压缩空气液化是压缩空气储能的发展趋势[26]；超导磁储能、飞轮储能、超级电容器等储能技术难以达到兆瓦·时级，提高能量密度和降低造价成本的潜力有待进一步挖掘。在化学储能方面，以电池为主要载体，其功率和能量可根据需求灵活配置，但电池的使用寿命受限、成本高，是需要突破的技术难题。

相对于电能存储，储热技术中显热储热和潜热储热发展较成熟，成本低且具一定工业应用，但两者储热周期有限，长期储热损耗较大，不适宜远距离传输；化学储热理论上具有储热密度高、可远距离传输、损耗小的优点，但目前应用存在技术复杂及成本高的问题[27]。储气技术目前主要是采用储气库，储气库的建设及运行维护管理是储气技术的重点，同时，气/冷/热均可在能源传输管道中大规模存储。

储能技术（储电、储气、储热）在融合网络中的应用约束指标主要包括技术水平和经济成本：技术水平主要指储能设备的转换效率、使用寿命以及是否能够大规模工业生产；经济成本则包含了设备制造成本及运行成本。当电能储存技术的应用约束指标相比储气、储热技术更具有突破性时，将会促进以电网核心形式的融合网络不断形成；否则多源并存形式的融合网络更有竞争力。

**2. 能源转换技术**

智能电网与能源网的融合需依托能源转换器这一重要媒介。除了传统的一次能源（风、光、化石能源、水、核等）向电能/热能/化学能转化、传统电网中的交流变压器、整流/逆变器、实现不同电压等级交流、交直流转换之外，近年来，电转气（Power to Gas，P2G）技术、冷热电联产（Combined Cooling Heating and Power，CCHP）、直流变压器、固态变压器等技术也受到了广泛关注[28]，技术特点见表2-4。

表2-4　不同能源转换技术特点

| 技　　术 | 特　　　点 |
|---|---|
| P2G | 电→氢效率：75%~85%<br>电→氢→甲烷（天然气）效率：45%~60%<br>电→氢→甲烷→电 效率：20%~40% |
| | 可实现电网、天然气/氢气双向互动，互为调峰 |
| | 需进一步提高转换效率以及对负荷的响应速度 |
| CCHP | 天然气→电/冷/热　能源总利用率可达80% |
| | 可实现能源梯级利用、削峰填谷、降低能耗 |
| | 需综合考虑天然气燃烧成本并缩小规模安装入户 |
| 直流变压器 | DC→DC 斩波型/变压器隔离型/谐振型/自耦型 |
| | 有利于减小变压器的体积和降低成本 |
| | 有利于推动直流电网建设，但需进一步工程论证 |
| 固态变压器 | 电力电子变流技术与高频电能变换技术相结合 |
| | 可实现一次电流、二次电压及功率的灵活控制 |
| | 挑战：基于 SiC 的固态功率器件研制及控制策略 |

类似于储能技术，能源转换技术在融合网络的应用约束指标亦包括技术水平和经济成本。固态变压器、直流变压器等基于电能能源转换技术的突破及经济成本的降低将促使以电网为核心的融合网络的形成；而多源并存形式的融合

网络则需 P2G、CCHP 等多种能源转换技术的推动。

**3. 能源传输技术**

类似能源存储与转换技术，能源传输技术的约束亦在于其技术水本与经济成本。其中，传输效率是一个关键的指标。目前，在跨区域远距离能源传输通道上，主要是电能传输和天然气传输，供冷/热网由于其传输效率的限制，规模主要为城市区域级。

近年来，以提升输电容量、降低损耗、增加输电距离为导向的电能传输技术在不断发展，如特高压输电、柔性直流输电、超导电缆输电等[29]，无线输电技术也取得了一定的进展，但现阶段仍未突破远距离传输效率低的问题。远距离无线功率传输有着巨大的应用潜力和广阔的应用前景。例如，可以探讨将远程无线功率传输系统做成电子式互感器，研究其在高压测量方面的应用，还可以探讨更远的距离使将来室内电器实现无线化，所有室内电气设备都装有无接触功率传输系统，电气设备通过无接触功率接收装置远距离、高效率地接收电能工作，而电能发射装置是可以装在墙壁内或者地板下的，使电气设备摆脱电线插座的束缚。此外，无线输电技术在特殊的场合下也具有广阔的应用前景。例如，可以给一些难以架设线路或危险的地区供电；可以解决地面太阳能电站、风力电站、原子能电站的电能输送问题。除了以上叙述的例子外，许多文献都还提到电动汽车的感应充电，以及在生物医学、工矿钻井、水下作业等领域中的应用。

电能传输技术的发展无疑将会推动以电网为核心的融合网络的形成，但另外值得关注的是瑞士苏黎世联邦理工学院研究团队提出的能源连接器（Energy Interconnector）构想，该构想是将电力与天然气（液态或气态）置于统一管道同路输送，已有文献研究将液化天然气作为高温超导电缆的冷却工质，建立了电缆与天然气输送管路的统一模型，并验证了联合输送系统比两者单独输送节能 2/3。

未来能源联合传输技术的前景广阔，当综合对比其经济、技术在工程应用上可行时，将对传统单一管道单一能源输送的方式带来颠覆。同时，在能源终端若能以联合传输模式满足用户多样化能源的需求，亦能减少由于多级能源转换带来的损耗，更有效实现节能。此时，多源并存的融合模式将占优势。

## 2.3.2　信息通信技术

### 1. 信息传感技术

信息系统集信息采集、传输和处理于一体，无论何种形式的融合网络，均离不开信息系统的支撑。通信质量和信息安全的保证尤为重要。如何完善信息系统的基础设施建设，优化信息系统架构体系，使信息从下游采集监控设备能够保证其通信质量（及时、准确、完整）传输到上游应用层，是信息系统不断完善其建设的重要研究方向[30]；同时，防范恶意行为的网络入侵，加强信息传输和存储的隐私保护以及对信息系统的故障处理能力，是信息系统信息安全的关键所在[31]。

### 2. 信息安全技术

目前，随着新型传感器、新的传输体制（如多址技术、扩频技术等）、光纤传输技术、数据预处理等技术的发展，信息系统的通信质量正在不断完善。但目前整个能源系统的安全形势仍然严峻，近年来发生的一系列信息安全事故应值得深思，如2010年伊朗发现的工业自动化控制系统病毒 Stuxnet，2015年美国PJM 系统受到4090次网络攻击，2015年年底由于信息系统遭黑客攻击所造成的乌克兰大规模停电等，可见，能源系统防御恶意信息攻击的能力还有待加强。

通信质量与信息安全技术的发展及运行维护成本的降低，是信息网络建设的重要约束之一。如果无法保证足够的通信质量与信息安全，必将限制未来信息网络从专用网向互联网的跨越，"互联网+"能源网的融合模式也将难以形成。并且，只有突破了信息安全的技术壁垒，降低整个信息系统的安全维护成本，互联网才可以深度渗透到能源行业，同时这将进一步推动互联网背景下的能源交易、运营管理等，并衍生新的能源产业链，比如在线运维服务、智能家电数据中心服务、大型电力设备与能源转换设备的租赁等。

## 2.4　融合模式的典型场景

关键技术约束只是不同融合模式形成的客观约束之一，不同融合模式的形成还需综合考虑主观因素导向（主要指国家宏观政策）以及不同的地域环境，即原有能源基础设施、能源生产和消费的空间分布并满足供需平衡。

由于目前电能在传输效率上仍占据优势，因此，在能源市场管制较强、地域辽阔、电网基础设施完善、负荷与能源资源分布不均、负荷类型相对单一的地方,发展广域互联网模式较为适合,如我国西北部和西南辽阔地带等。

在一次能源(油气资源、地热、波浪潮汐能等)资源丰富、地域相对狭小,能源市场有一定管制的区域,可借助于该能源资源优势,就地利用,构建互联能源网模式的融合网络,多源并存,实现能源综合高效利用,如海岛等。

在大城市等互联网基础设施建设发达、能源市场管制放开、市场行为活跃的地方,可逐渐利用互联网平台建设边际成本低的优势,结合"互联网+"所带来的创新商业模式,对传统能源行业进行深远的革命,构建"互联网+"能源网模式的融合网络,如区域性自营的配电网和售电公司等。

另一方面,结合所提出的三种融合模式,并围绕新能源的消纳、能源利用效率提升、还原能源商品属性三大目标的实现,下面提出融合模式三种典型的场景。不同典型场景在实现上述目标的过程中有着相应的技术需求,这部分将在后续章节中论述。

## 2.4.1 广域互联能源网

广域互联能源网是连接大规模能源生产基地与负荷中心,保证安全和高效的能源输送,与信息通信系统广泛结合,并实现广域集中式能源消纳的能源网络新业态。该场景可认为是智能电网 2.0 的主网形态。面向能源需求的持续增长、新能源开发技术不断成熟的背景,广域互联能源网将有如下优势:

1)在跨区域远距离输电能力提升以及大电网更安全稳定运行的基础上实现能源远距离传输效率的提升。

2)实现广域大规模可再生能源的集中消纳。

## 2.4.2 区域与用户级智能能源网

区域与用户级智能能源网是用户侧集分散式能源生产、传输、转换、存储、消费于一体,电、热、冷、气多能流耦合,广泛结合信息技术,实现分布式能源就地消纳的用户侧用能新模式。该场景可认为是互联能源网的微网单元形态。

面向分布式可再生能源迅速发展、节能减排需求凸显的背景,区域与用户级智能能源网将有如下优势:

1)高比例可再生能源的就地消纳。

2)用户终端能源综合利用效率的提升。

### 2.4.3 "互联网+"智慧能源

"互联网+"智慧能源是基于互联网思维推进能源与信息深度融合，构建多种能源优化互补、供需互动开放共享的能源系统和生态体系。该场景可认为是"互联网+"能源网的一种表现形式，两者均强调互联网技术和互联网思维对能源系统的颠覆，其区别在于"互联网+"智慧能源的物理形态是明确的，指的是以电力系统为核心，以分布式可再生能源为主要一次能源，与天然气网络、交通网络等其他系统紧密耦合而形成的复杂多网流系统。

面向电力改革、能源市场化的新趋势，"互联网+"智慧能源将有如下优势：

1）提高能源行业互联网化成熟度，还原能源商品属性，并以新的技术带动新的产业，创造新的经济增长点。

2）借助互联网技术与互联网平台，实现传统能源的智慧化升级，更有效地支持新能源的灵活接入，持续提高能源利用效率。

## 2.5　本章小结

智能电网与能源网的融合将综合物理融合和信息融合的优势，进一步提高能源系统的经济性与安全性，促进能源利用的结构优化。从不同行业力量博弈的维度看，该融合可有三种典型模式：智能电网2.0，互联能源网，"互联网+"能源网。材料装备技术和信息通信技术是智能电网与能源网融合的基础支撑技术，不同融合模式的形成将受到该技术发展的制约。此外，在三种融合模式的框架下，围绕新能源的消纳、能源利用效率提升、能源系统与互联网技术深度融合等三大目标，融合模式存在三种典型场景，分别称为广域互联能源网、区域与用户级智能能源网、"互联网+"智慧能源。总的来看：

1）智能电网2.0，是指以智能电网为能源系统核心网络，各式能源转换为电能供用户使用，电力专用网采集各种数据并借助大数据、云计算等技术服务于智能电网的优化运行。广域互联能源网是其主网形态，将实现能源传输效率的提升及广域高比例可再生能源的集中消纳。

2）互联能源网，强调多种能源互联互通并同时为用户选择使用，能源系统专用网采集各种数据并借助大数据、云计算等技术服务于能源网的优化运行。区域与用户级智能能源网是其微网单元形态，将实现分布式可再生能源的就地消纳、用户终端能源综合利用效率的提升。

　　3）"互联网+"能源网，指的是利用信息通信技术及互联网平台，让互联网与传统能源行业深度融合，创造新的发展生态和商业模式，实现能源产消者与其他用户的能源高效共享，互联网数据作用于能源网中所有生产者、消费者和产消者的效益优化。"互联网+"智慧能源是其表现形式之一，将提高能源行业互联网化成熟度，还原能源的商品属性，并以新的技术带动新的产业，创造新经济增长点、同时借助互联网技术与互联网平台，实现传统能源的智慧化升级，更有效地支持新能源的灵活接入，持续提高能源利用效率。

# 参考文献

［1］Kang C Q. Guest editorial：Special issue on low-carbon electricity ［J］. Journal of Modern Power Systems and Clean Energy，2015，3(1).

［2］Wang Q，Wu S D，Zeng Y E，et al. Exploring the relationship between urbanization，energy consumption，and $CO_2$ emissions in different provinces of China ［J］. Renewable & Sustainable Energy Reviews，2016，54：1563-1579.

［3］薛飞，李刚. 能源互联网的网络化能源集成探讨 ［J］. 电力系统自动化，2016，40(1)：9-16.

［4］余晓丹，徐宪东，陈硕翼，等. 综合能源系统与能源互联网简述 ［J］. 电工技术学报，2016，31 (1)：1-13.

［5］Xue Y S. Energy internet or comprehensive energy network？ ［J］. Journal of Modern Power Systems and Clean Energy，2015，3(3)：297-301.

［6］李立涅，张勇军，陈泽兴，等. 智能电网与能源网融合的模式及其发展前景 ［J］. 电力系统自动化，2016，40(11)：1-9.

［7］陈树勇，宋书芳，李兰欣，等. 智能电网技术综述 ［J］. 电网技术，2009，33(8)：1-7.

［8］Fadaeenejad M，Saberian A M，Fadaee M，et al. The present and future of smart power grid in developing countries ［J］. Renewable & Sustainable Energy Reviews，2014，29(7)：828-834.

［9］王德文，宋亚奇，朱永利. 基于云计算的智能电网信息平台 ［J］. 电力系统自动化，2010，34(22)：7-12.

［10］彭小圣，邓迪元，程时杰，等．面向智能电网应用的电力大数据关键技术［J］．中国电机工程学报，2015，35(3)：503-511．

［11］刘振亚．全球能源互联网［M］．北京：中国电力出版社，2015．

［12］Boyd J. An internet-inspired electricity grid［J］. Spectrum IEEE，2013，50(1)：12-14．

［13］李海舰，田跃新，李文杰．互联网思维与传统企业再造［J］．中国工业经济，2014(10)：135-146．

［14］Huang A Q，Crow M L，Heydt G T，et al. The future renewable electric energy delivery and management（FREEDM）system［J］. Proceedings of the IEEE，2010，99(1)：133-148．

［15］杨方，白翠粉，张义斌．能源互联网的价值与实现架构研究［J］．中国电机工程学报，2015，35(14)：3495-3502．

［16］王明俊．智能电网与智能能源网［J］．电网技术，2010，34(10)：1-5．

［17］新奥集团股份有限公司．泛能网技术［EB/OL］. http://www.enn.cn/wps/portal/ennzh/fnw/! ut/p/b1/04_Sj9Q1NDA0NzUyMzUy0o_Qj8pLLMtMTyzJzM9LzAHxo8zizYKc3B2dDB0N3F18nQwcg93dzC2DnAyNjA30c6McFQGEZG5k/? pageid=fnw．

［18］Natural Resources Canada. Integrated community energy solutions A roadmap for action［EB/OL］. http://www. nrcan. gc. ca/sites/www. nrcan. gc. ca/files/oee/pdf/publications/cem-cme/ices_e. pdf．

［19］Rifkin J. The third industrial revolution：How lateral power is transforming energy，the economy，and the world［M］. New York：Palgrave MacMillan，2011．

［20］中华人民共和国国家发展和改革委员会．关于推进"互联网+"智慧能源发展的指导意见（发改能源［2016］392号）［EB/OL］. http://www.sdpc.gov. cn/zcfb/zcfbtz/ 201602/t20160229_790900. html．

［21］Federal Ministry of Economics and Technology（BMWi）. E-Energy—Paving the way for an internet of energy［R］. Berlin，2009．

［22］Yang Z，Zhang J，Mc K M. Electrochemical energy storage for green grid［J］. Chemical Reviews，2011，111(05)：3577-3613．

［23］Cipcigan L M，Taylor P C. Investigation of the reverse power flow requirements of high penetrations of small-scale embedded generation［J］. Renewable Power

Generation Iet，2007，1(3)：160-166.

［24］张文亮，丘明，来小康．储能技术在电力系统中的应用 ［J］．电网技术，2008，32(7)：1-9.

［25］苏学灵，纪昌明，黄小锋，等．混合式抽水蓄能电站在梯级水电站群中的优化调度 ［J］．电力系统自动化，2010，34(4)：29-33.

［26］A Cavallo. Controllable and affordable utility－scale electricity from intermittent wind resources and com pressed air energy storage（CAES）［J］．Energy，2007，32(2)：120-127.

［27］吴娟，龙新峰．太阳能热化学储能研究进展 ［J］．化工进展，2014，33(12)：3238-3245.

［28］张明锐，王之馨，黎娜．下垂控制在基于固态变压器的高压微电网中的应用 ［J］．电力系统自动化，2012，36(14)：186-192.

［29］张杨，厉彦忠，谭宏博，等．天然气与电力长距离联合高效输送的可行性研究 ［J］．西安交通大学学报，2013，47(9)：1-7.

［30］Laverty D M，O'Raw J B，Kang L I，et al. Secure data networks for electrical distribution applications ［J］．Journal of Modern Power Systems & Clean Energy，2015，3(3)：447-455.

［31］王继业，孟坤，曹军威，等．能源互联网信息技术研究综述 ［J］．计算机研究与发展，2015，52(5)：1109-1126.

# 第3章　新材料新装备支撑技术

新材料和新装备是推进能源系统物理基础建设的关键支撑技术，是智能电网与能源网不同融合模式形成的技术约束。能源生产、传输、存储、转换、传感测量、保护等各个环节材料和装备技术的突破将会对能源系统带来变革。

近年来，超导材料、新型导电材料、高压绝缘设备的发展，为电力传输技术带来变革，其将更有效地提升电网传输效率；而储能工艺的逐渐成熟和成本的不断降低，为提升可再生能源消纳比例提供了新途径。此外，基于电工磁性材料的电工新装备研制、基于宽禁带半导体材料的新型电力电子器件研制等技术的发展成为关键，用以适应未来能源系统可再生能源高度渗透、能源利用效率需求凸显的环境，使得能源系统从刚性向柔性发展。而基于仿生学的智能材料突破及延伸至能源装备领域的应用，利用其自我感知、自我修复的特性将为能源系统带来颠覆。本章将围绕以上内容进行论述。

## 3.1　提升电能传输效率的新型材料与装备

当前，我国电网的损耗约为 7.5%，以 2014 年总发电量 5.5 万亿 kW·h 计算，电网的损耗高达 4 千亿 kW·h。未来可再生能源的大量接入以及电能在终端能源中的比重不断提高会使总体输电损耗增加。因此采用新型导电材料和技术实现大容量、远距离、高效率的电力输配成为必需。此外，为满足高压输电网运行的可靠性和稳定性，电网对电气绝缘材料的质量及可靠性也提出了越来越高的要求，研究和发展各种性能优良的绝缘材料是目前电气绝缘材料发展的普遍趋势。

### 3.1.1　超导材料与装备

**1. 超导材料的基本类型**

由于超导线的载流能力可以达到 $100 \sim 1000 \, \text{A/mm}^2$（是普通铜导线或铝导线载流能力的 50~500 倍)，且其在直流状态下的传输损耗为零、工频下仅有一定的交流损耗 (为 0.1~0.3 W/(kA·m)，为铜导线或铝导线的 0.5%~1.5%)[1]。因此，利用超导线制备的电力设备，具有损耗低、效率高、占地小的优势。由于超导线在电流超过其临界电流时，会失去超导性而呈现较大的电阻率，因而用超导线制成的限流设备 (超导限流器，FCL) 可以在电网发生短路故障时自动限制短路电流的上升，从而有效保护电网安全稳定运行。此外，利用超导线研制的超导储能系统 (SMES) 是一种高效的储能系统 (效率可达 95% 以上)，且具有快速高功率响应和灵活可控的特点，对于解决电网的安全稳定性和瞬态功率平衡问题也具有潜在应用价值[2]。

目前，用于电工技术的实用化超导材料主要有 NbTi、$Nb_3Sn$ 等低温超导体、铋系高温超导体、YBCO 涂层导体、$MgB_2$ 超导体和 2008 年发现的铁基超导体[2]。在超导材料的电工技术应用方面，超导电力技术已经达到了示范的程度，而超导磁体技术自 20 世纪 70 年代以来已经逐渐成熟并形成了一定规模的产业。表 3-1 为目前实用化超导材料的详细信息。

**表 3-1　目前实用化超导材料的详细信息**

| 分　类 | | 特　性 | 工艺制备 | 应　用 | 优　势 |
|---|---|---|---|---|---|
| 低温超导材料 | NbTi | 1. $T_c = 9.7\,K$ 2. 临界场 $H_{c2} = 12\,T$ 3. 可用来制造磁场达 9 T (4 K) 或 11 T (1.8 K) 的超导磁体 | 1. 用难熔金属的熔炼方法加工成合金 2. 用多芯复合加工法加工成以铜 (或铝) 为基体的多芯复合超导线 3. 用时效热处理及冷加工工艺使其转变为具有强钉扎中心的两相 (α+β) 合金 | 1. 核磁共振成像系统 (MRI) 2. 实验室用超导磁体 3. 磁悬浮列车 | 由于具有较好的超导性能和机械性能 (易加工成各类应用所需的线材) 而被广泛应用 |
| | $Nb_3Sn$ | 1. A15 晶体结构 2. 超导转变温度为 18 K | 1. 气相沉积法 2. 青铜法 3. 扩散法 4. 内锡法 5. 粉末装管法 | 1. 核磁共振仪 (NMR) 2. 磁约束核聚变 3. 高能物理的高场磁体领域 | |
| $MgB_2$ 超导材料 | | 1. 转变温度为 39 K 2. 化学成分简单 | 1. 粉末装管法 2. 连续粉末装管成型法 (CTFF) 3. 中心镁扩散工艺 (IMD) | 1. 1~2 T 磁场 2. 10~20 K 制冷机工作温度下核磁共振成像 (MRI) | 1. 可以运行于 10~20 K 温区 2. 可用相对廉价的手段解决冷却问题 |

（续）

| 分　类 | | 特　性 | 工 艺 制 备 | 应　用 | 优　势 |
|---|---|---|---|---|
| 铜氧化物高温超导材料 | 铋系高温超导带材 | 1. 较高的临界电流密度 $[(2.7 \sim 3) \times 10^4 \text{ A/cm}^2]$ 2. 陶瓷结构 | 1. 粉末套管法 2. 高压热处理技术 | 高场和超高场超导磁体应用 | 1. 良好的热、机械及电稳定性 2. 易于加工成长带 3. 所需设备成本较低 |
| | 钇系高温超导带材 | 1. 临界温度超过 77 K 2. 层状钙钛矿结构 3. 正交对称性 | 在柔性的金属基带上制备出 $c$ 轴垂直于基带表面的强立方织构的 YBCO 层 | 1. HTS 线材及电力传输电缆 2. 磁体、变压器和电动机 | 在 77 K 下的不可逆场达到了 7 T，高出 Bi-2223 一个量级，是真正的液氮温区下强电应用的超导材料 |
| 铁基超导材料 | | 1. 临界转变温度高（$T_c = 55$ K） 2. 各向异性较小（$\gamma < 2$） 3. 上临界场极高（> 200 T） | 粉末装管法（PIT） | 铁基超导材料具有非常高的上临界场、较低的各向异性，预示着它有很大的潜在应用价值 | 1. 上临界磁场极高 2. 强磁场下电流大 3. 各向异性较小 |

### 2. 超导电力装备的基本类型

超导技术可以广泛应用于超导输电电缆、超导变压器、超导发电机、超导电动机、超导限流器、超导储能系统等多方面。超导技术可以有效应对可再生能源变革对电网带来的一系列重大挑战，对未来电网的发展将产生重大意义，因而被美国能源部认为是 21 世纪电力工业唯一的高技术储备。表 3-2 列出了各种超导电力设备对电网的作用和影响。

表 3-2　各种超导电力设备对电网的作用和影响

| 电 力 设 备 | 特　　点 | 对未来电网的作用和影响 |
|---|---|---|
| 超导限流器 | 正常时阻抗很小，故障时呈现一个大阻抗 集检测、触发和限流于一体 反应和恢复速度快 对电网无副作用 | 大幅度降低短路电流 提高电网稳定性 改善供电可靠性 保护电气设备 降低建设成本和改造费用 |

（续）

| 电力设备 | 特　　点 | 对未来电网的作用和影响 |
|---|---|---|
| 超导电缆 | 功率输送密度高<br>损耗小、体积小、重量轻<br>单位长度电抗值小<br>液氮冷却 | 实现大容量、高密度输电<br>符合环保和节能发展的要求<br>减少城市用地<br>缩短电气距离<br>有助于改善电网结构 |
| 超导变压器 | 极限单机容量高<br>损耗小、体积小、重量轻<br>液氮冷却 | 减少占地<br>符合环保和节能发展的要求 |
| 超导储能系统 | 反应速度快<br>转换效率高<br>可短时向电网提供大功率支撑 | 快速进行功率补偿<br>改善大电网稳定性<br>改善电能品质<br>改善供电可靠性 |
| 超导电动机 | 极限单机容量高<br>损耗小、体积小、重量轻 | 减少损耗<br>减少占地 |
| 超导发电机 | 极限单机容量高<br>损耗小、体积小、重量轻<br>大型超导发电机的同步电抗小<br>过载能力强 | 减少损耗<br>减少占地<br>提高电网稳定性<br>超导同步调相机可用于无功<br>功率补偿<br>超导风力发电机在大容量海<br>上风力发电中具有比较优势 |

**3. 超导材料与超导电力装备的技术发展方向**

（1）着力提高超导材料的综合性能，降低成本

到目前为止，能在液氮温区工作的超导线带材只有 Bi 系带材（第一代高温超导带材）和 Y 系带材（第二代高温超导带材），而第二代高温超导带材在液氮温区的本征载流能力高出第一代两个数量级，其不可逆场高达 7 T，而第一代只有 0.4 T；更为关键的是第一代带材材料本身贵金属银占比达到 70%，其成本的进一步降低受到了极大限制，而第二代带材贵金属银的占比仅仅为 2%，其他都是比较便宜的材料，如不锈钢材料占比就达到了 90%[3]。因此，高温超导材料今后一个重要的发展方向就是攻克第二代高温超导带材的低成本制备技术，实现产业化。

Bi 系超导带材在低场下仍然有着优异的超导载流性能，而且 Bi-2223/Ag 带

材使用了多年，采用 Bi 系带材所制作的各种高温超导器件运行情况良好，市场对其有一定的认可度[4]。虽然 Y 系材料具有巨大的开发潜力，但由于其制备工艺复杂，至今价格还高于 Bi 系带材，因此，在一定时间内，Bi 系带材仍然会在超导技术的应用中占有一席之地。但今后的发展方向和研发重点毫无疑问应该放在最具大规模应用化前景的第二代高温超导带材产业化技术上。

TBCCO2223 相的超导转变温度达到了 125 K，如果能将该超导材料制备成长带，那么就有可能工作在 112 K 的液化天然气温区，从而实现液化天然气和电力的同时输运。这样，其在能源输运领域就极具价值。

铁基超导材料是 2008 年发现的一种新型超导材料，也值得关注：以促进铁基超导材料实际应用为目标，搞清铁基材料电流受限的物理机制，进一步提高其磁场下的临界电流密度；开发出低成本、高性能铁基超导圆线导体；研究多层金属包套材料复合多芯线材的加工技术，提高超导材料的热稳定性；开展铁基超导线带材的应力应变特性及其相关电磁物理基础研究[5]。

（2）超导电力装备将向更高电压等级或更大容量方向发展

由于低压配电系统的容量较小，难以全面展现超导电力技术的优势，超导电力技术向更高电压等级或更大电流容量方向发展就成为必然的趋势。

（3）超导电力装置将向多样化和功能集成化方向发展

如超导限流器已从最初的电阻型，发展到磁屏蔽型、桥路型、饱和铁心电抗器型、混合型等。近年来，美、日、德和我国也在新型限流器的原理方面有诸多创新。与此同时，超导装置呈现多功能集成化趋势，如中科院电工研究所实现了限流与储能功能集成的超导限流-储能系统；日本完成了限流功能和电压变换功能集成的超导限流-变压器的概念设计；美国正在研制将大容量电能传输与限流功能集成的超导限流-电缆，并在纽约曼哈顿运行。

（4）超导电力装备将与智能电网技术的发展需求相结合

超导电力技术在智能电网中可以发挥多方面的作用。超导储能系统可用于电网稳定性调节，以提高电网的稳定性、改善电力质量；超导限流器既可降低短路电流、减少大面积停电概率和降低对设备的破坏，还可用于潮流控制；超导电缆可提高输送能力，实现输送功率控制；超导 FACTS 及多功能装置还可以综合发挥更大的作用。此外直流电网是未来电网发展的趋势，由于在直流下，超导材料没有交流损耗，因此可以进一步体现超导电力技术的优势。

## 3.1.2　新型导电材料

### 1. 新型导电材料的基本类型

（1）高性能铜/铜合金材料

对纯铜的强化通常使用塑性变形细化其显微结构，减小晶粒尺寸，利用晶界强化，避免引入固溶合金元素，以减少对电导率的影响。近年来快速发展的严重塑性变形方法进一步将纯铜晶粒尺寸减小到亚微米尺度。然而，继续减小结构尺寸提高强度非常困难，且随着晶粒尺寸的减小，纳米金属的电阻率显著增加。这是由于在纳米晶体材料中其晶界体积百分数显著增加，晶界对电子的散射起主导作用，从而造成电阻率大幅度增加。这种强度与导电性的倒置关系也制约了纳米金属材料在相关领域的应用。

利用脉冲电解沉积技术（PED），中国科学院金属所获得了层片厚度在纳米尺度的高密度生长孪晶纯 Cu 薄膜。利用分布在亚微米晶粒内层片厚度可控的孪晶结构，在保持电导率不低于 96% IACS 的情况下，这种孪晶铜的强度可超过 1 GPa。其高强度源于孪晶界对位错滑移的阻碍作用与普通大角晶界相似。利用脉冲电解沉积的方式可以获得常规方法难以达到的纳米尺寸显微结构，而孪晶界引入的电导率较普通大角晶界低一个数量级，保证了其高电导率。图 3-1 所示为纳米孪晶铜中的孪晶结构及其拉伸曲线。

通过对纳米孪晶铜的进一步研究发现，在纯铜中引入高体积分数纳米孪晶束后再进行室温冷轧处理，获得的纯铜薄带在具有 500 MPa 级强度的同时，铜型轧制织构极大地减弱了。对孪晶结构在轧制中的演化行为的研究表明，孪晶特殊的二维结构限制了其中位错的均匀滑移行为。这种特殊的结构抑制了孪晶区域晶体在轧制中的晶体转动，同时也延缓了其他区域晶粒的定向转动。这种方法大大缩短了工艺流程，并对工艺参数的选择范围更宽容，将是一种非常有潜力的控制薄带材轧制织构的方法，具有巨大应用潜力。

（2）铜/碳纳米管复合导电材料

铜由于具有优异的导电性能（在 20℃下，电导率为 1.72 μΩ·cm）、导热性能以及良好的塑性，是当前电力系统中应用最为广泛的导线材料。但受材料基本物理性质的限制，纯铜的电导率几乎达到了极限。碳纳米管（Carbon Nanotube，CNT）具有独特的结构，优异的电学、热学和力学性能，显示出广阔的应用前景[7]。由于 C-C 键短而强，单层碳管具有 5 TPa 的弹性模量，而

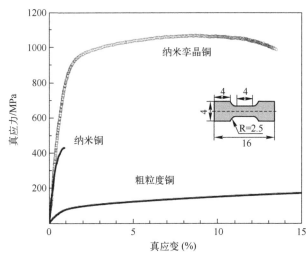

图 3-1　纳米孪晶铜中的孪晶结构及其拉伸曲线[6]

密度只有钢材的六分之一，是目前已知比强度最高的材料。这种新型的导电材料有可能给电力行业带来巨大的变革：如果该技术能把目前导线的电阻率降低 1/3，每年节约的电能高达 1000 亿 kW·h；如果电动机、电力机车和家电等各种用电终端的导线采用新型高导材料，将会进一步降低能耗，可有效缓解我国东部地区能源短缺和环境污染等问题。

铜/CNT 复合材料一直是研究的热点，但主要集中在如何提高材料的机械强度上。由于存在 CNT 分散不均、界面浸润性差等问题，掺入 CNT 后往往会造成铜的电导率下降。随着人们对材料性能的深入了解，近几年来利用 CNT 掺杂提高铜电导率的研究不断升温。

铜/CNT 复合高导电材料的研究虽然已经取得了一定进展，但研究刚刚起步，突破性成果并不多，目前面临的主要挑战如下：

1）CNT 在铜基体中的分散性较差，由于 CNT 之间存在较强的范德华力，传统工艺难以使其充分分散开。

2）CNT 与铜基体的界面浸润性差，使 CNT 很难充分实现对基体的弥散强化和载荷传递作用。

3）CNT 在铜基体中的结构完整保持性较差，使 CNT 优异的电学性能受损，从而大大降低对铜基体的增强效果。

（3）新型碳-金属合金材料

Covetics 是一种新型的铜基体纳米碳复合材料[8]，由内嵌石墨烯结构的铜基体构成（见图 3-2）。在通常情况下，碳在铜中的溶解度特别低，只有 ppm 量级（百万分之几）的溶解率。通过在熔融状态下通大电流的方法可以有效提高碳在铜中的溶解率，使碳含量达到 5wt%（wt 为质量分数）以上。这种方法不仅适用于铜，而且也适用于金、银和铝等其他金属。

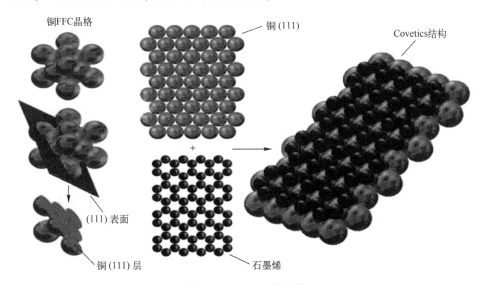

铜FFC晶格　　　　　　　　　　　铜(111)　　　　　　　　　　Covetics结构

(111) 表面

铜(111) 层　　　　　　　　　石墨烯

图 3-2　Covetics 的结构

与纯金属相比，Covetics 的热导率和电导率大幅提高，而且具有优异的机械强度[9]。该材料有望应用于电力传输线降低传输损耗，制造小型化的变压器、电动机和发电机，以及应用在电动汽车上降低汽车的能耗和重量。此外，该材料的优异性能使得其在航空和国防等领域也具有极大的应用潜力。人们可以期待，Covetics 的研发成功将会对能源利用效率和智能电网产生深远的影响。

**2. 新型导电材料的技术发展方向**

（1）采用纳米技术对传统导电材料的综合改性

近期研究发现，将金属的微观结构细化至纳米量级可有效提高其强度[10]；如同时控制其界面为低能、共格结构，该结构在提高强度的同时还可保持良好的导电性。以纯铜为例，引入纳米共格孪晶界面可使其强度高达 1 GPa，电导率达 80% IACS，成功实现材料高强度-高电导率。

提高金属材料综合性能的另一有效途径是将几种具有不同优异性能的材料

复合化。碳纳米管具有轻质、高强、高模、高热导、高电导、高化学稳定性等优异性能，且其纳米表面结构易于界面改性，是新一代轻质高强金属基复合材料的优秀增强增韧相。但由于分散、界面结合等工艺困难，碳纳米管增强铝基复合材料的研究依然处在实验室阶段。近年拜耳材料科技公司研发的新型碳纳米管改性铝基复合材料强度可与钢媲美，而密度仅为钢的1/3，硬度、耐磨性、抗冲击性均有显著提高。碳纳米管增强铝基复合材料的应用，将有望降低电缆重量、降低电力塔线建设维护成本，提高输电能力和使用温度，在电工材料领域具有重要应用前景。而利用轻质高强碳纳米管纤维作为支撑结构，通过纤维与金属的复合，有望获得具有高载流容量、高频传输特性的新型功能性导电材料。

今后，将以探索新的强化机制和强化方法为出发点，着重研究高强度、高电导率的纳米结构铜合金、碳纳米管增强铜/铝合金以及碳纳米管纤维/金属复合导线等前沿基础问题，并探索其作为导体材料在电工领域的应用前景。

（2）发展耐烧蚀导电材料

耐烧蚀导电材料是与人类生活有着密切联系的一类金属材料，也是一种广泛应用于各行业的基础材料。随着特高压电网的商业化运行，输变电工程中维持电网稳定的电容器组开关的寿命严重不足，如何延长电容器组开关的电气寿命，成为特高压电网安全稳定运行必须攻克的难题。触头材料作为开关的核心，其质量直接影响电网中关键设备的性能和体积，随着"一带一路"和智能电网战略的实施，进一步延长触头材料的寿命、提高其可靠性、使20年关键设备免维修对电网的经济高效运行至关重要。因此，耐烧蚀导电材料研究是以长寿命、大容量高压电触头材料为主要目标的，在 CuW 合金触头材料的制备、产品性能和服役寿命提高方面实现技术突破，缩小与国外先进水平的差距，促进我国电工装备技术的跨越式发展与进步。

受电弓滑板由于长期暴露在自然环境下，在运行过程中因为离线等因素与接触导线不断产生机械冲击和电烧蚀，因此对受电弓滑板的性能要求十分苛刻。现有国内高速铁路用电力机车受电弓滑板主要依赖进口，且国外厂家对滑板研制的核心技术采取了严格的保密措施。因此，耐烧蚀导电材料研究是以高性能受电弓滑板材料为主要应用目标，研制出具有自主知识产权、高性能的受电弓滑板，克服现有滑板材料因自身材质的缺陷而难以协调弓网耦合系统载流磨损过大等问题，使我国受电弓滑板的研发和制备达到国际先进水平。

## 3.1.3　特高压设备绝缘防护

超高或特高压输电网络是国家电网正在全力打造的统一坚强智能电网的骨架和核心。更高的电压等级及直流输电对广泛应用于电气设备的环氧树脂绝缘材料的安全可靠性提出了重大挑战。目前，挂网运行的环氧树脂绝缘材料体积电阻率偏低，特别是在直流高压下，电荷长期积聚易造成表面闪络，这是特高压电网安全的最大隐患之一。

纳米技术为高绝缘环氧材料的发展提供了新的途径，采用无机纳米颗粒复合技术能够大幅度提高环氧材料的体积电阻率，减少表面电荷积聚、优化电场分布、避免沿面闪络，同时提高环氧材料绝缘、力学及热学等综合性能。

纳米电介质材料比传统微米电介质材料具有更高的可靠性和耐久性，而且采用纳米电介质制备的绝缘器件较传统材料体积更小、质量更轻、绝缘性能更优越。在高压绝缘方面，纳米颗粒能够改善聚合物的耐压时间，提高耐电老化性能及聚合物抗局部放电能力。同时，纳米改性技术还能够提高聚合物的击穿电压。但纳米绝缘材料还存在以下几个问题：①纳米材料的分散问题。由于纳米粉体的粒径较小，其比表面积和比表面能较大，因此，与微米级超细粉体相比，纳米粉体的团聚更加严重，在应用到有机介质（如树脂、塑料、涂料）中时，粉体的分散更加困难。②聚合物基体与纳米粒子间的相互作用机制尚不明确。

纳米粒子对绝缘材料的改性机理和制造技术（包括纳米粒子形状、尺寸的选择以及分散与复合工艺的完善等）将是未来相当长时间内纳米改性绝缘材料领域的研究重点。在某些电力行业应用中，需要纳米电介质具有各向异性特征，以实现定向屏蔽或者离子传导。因此，制备具有各向异性特征的纳米改性绝缘材料也是未来研究的方向之一。

我国能源产地和需求地分布极不均衡，大部分能源资源分布在西部和北部，而需要大量能源的用户则集中在东部沿海地区，这种能源供需的地理分布失衡决定了我国电能输送具有跨区域、远距离和大规模的特点。当前，我国电网的损耗约为 7.5%，以 2014 年总发电量 5.5 万亿 kW·h 计算，电网的损耗高达 4 千亿 kW·h。未来可再生能源的大量接入以及电能在终端能源中的比重不断提高会使总体输电损耗增加。因此，采用新型导电材料和技术实现大容量、远距离、高效率的电力输配成为必需。此外，为满足高压输电网运行的可靠性和稳定性，电网对电气绝缘材料的质量及可靠性也提出了越来越高的要求，研究和发展各种性能优良的绝缘材料是目前电气绝缘材料发展的普遍趋势。

## 3.2　促进可再生能源消纳的新型储能材料与装备

储能不是能源行业的主角，但它是不可或缺的重要配角。储能不仅对常规电网具有调峰调频、增强电网安全稳定运行的能力，能够提高电力系统的经济运行水平，也是实现可再生能源平滑波动、促进可再生能源大规模消纳和接入的重要手段。同时，它更是分布式能源系统和智能电网系统的重要组成部分，在能源互联网中具有重要作用。因此，加强先进储能技术的研究，对于推动我国能源生产和利用方式变革，普及应用可再生能源，调整优化能源结构，构建安全、稳定、经济、清洁的现代能源产业体系具有重要的战略意义。储能应用于电网和新能源领域，可以提供频率调整、负载跟踪、削峰填谷和备供电力等作用。

### 3.2.1　储能技术的基本类型

储能技术包括储能本体技术和储能应用技术。根据所用的能量形式，可以将储能本体技术大致分为4类：物理储能（抽水储能、压缩空气储能、飞轮储能、超导磁储能）、电化学储能（锂离子电池、铅酸电池、液流电池、钠硫电池、超级电容器等）、化学储能（氢能、合成燃料）和储热（显热储热、相变储热、化学反应储热）。

### 3.2.2　储能材料与装置的技术发展方向

"十二五"时期，我国储能技术研究及储能项目应用开始受到重视，示范项目快速增长。随着各种储能技术路线的逐渐成熟、储能成本的持续下降以及相关政策的逐步完善，电网对储能的需求有望逐步释放，"十三五"期间将是储能技术逐步开始商业化的阶段。目前，关键材料、制造工艺和能量转化效率是各种储能技术面临的共同挑战，在规模化应用中还要进一步解决稳定、可靠、耐久性问题，一些重大技术瓶颈还需要持之以恒的解决。另外，国内精密材料、高端前沿材料的加工工艺跟美国、日本差距很大，商用产品的开发技术也是短板。

　　新型储能产业的主要技术瓶颈如下：压缩空气储能中的高负荷压缩机技术，我国尚未完全掌握，系统研发尚处在示范阶段；飞轮储能的高速电动机、高速轴承和高强度复合材料等关键技术尚未突破；化学电池储能中关键材料制备与批量化/规模技术，特别是电解液、离子交换膜、电极、模块封装和密封等与国际先进水平仍有明显差距；超级电容器中高性能材料和大功率模块化技术，以及超导磁储能中高温超导材料等尚未突破。另外，一些新型储能技术的研究和知识产权布局没有得到足够的重视和支持。以下为储能技术的科技攻关方向：

　　（1）高能量密度锂离子电池材料

　　随着便携式电子设备、电动交通工具、分布式储能等领域的飞速发展，迫切需要开发具有更高能量密度和更长使用寿命的储能器件，其中锂离子电池是各个国家努力突破的重点方向。如今，小型商品锂离子电池的能量密度可达到 $200 \sim 220 W \cdot h/kg$，但还不能满足日益增长的各类产品的需求，例如日本对纯电动汽车以及混合动力汽车驱动电池的要求是 2030 年达到 $500 W \cdot h/kg$ 的能量密度，这显然还有很大的距离，因此开发具有高能量密度的新型锂离子电池材料变得至关重要。

　　（2）半固态锂电池的电极浆料和隔离层结构技术

　　半固态锂电池是近年来开发的一种低成本、大容量、长寿命的新型储能电池，有望在电动汽车和电力储能领域发挥重要作用，目前处于基础关键技术研究阶段，其中尤以电极浆料和隔离层的设计以及制备最为重要[11]。如何在电极浆料的悬浮导电性、能量密度和流动性中找到最优平衡点，是半固态锂电池走向应用的必要前提，而如何设计安全可靠、离子通过率高的隔离层结构则是半固态锂电池安全运行的保障，因此有必要对半固态锂电池的电极浆料和隔离层结构进行理论建模和实验研究，解决制约半固态锂电池发展的关键问题。

　　（3）高压调频电池的双极性集流体

　　调频的主要目的是保持频率偏移的零稳态误差以及在互联电力系统中对负荷需求具有良好的跟踪能力，所以对于调频电池来说，电池提供瞬时功率的能力和循环寿命更为重要，而双极性高电压电池因取消了传统电池组内的极耳、连接件、汇流排等部件，减少了惰性物质重量，使电池单元之间的电阻能耗更小、电极表面电流和电位分布更加均匀，功率密度也得到很大提高，对于电力系统的调频具有重要意义。双极性集流体是决定高压调频电池性能的关键部件，如何通过双极性集流体的材料选择和结构设计，尤其是集流体边缘密封结构的设计，来防止电池内部因电子、离子短路而造成的电池自放电，以达到有效控制电池单元一致性的目的是目前亟待解决的核心问题。

（4）超级电容器的电极活性材料

超级电容器主要由集流体、电极活性材料、电解质和隔膜等部分组成，其中电极活性材料是影响超级电容器性能和成本的关键因素，开发高能量密度和低成本的电极活性材料一直是超级电容器研究工作的主要内容[12]。如前所述，现有的碳基材料、石墨烯材料、导电聚合物材料、金属氧化物材料等很难兼具以上要求，需要寻找新的电极活性材料以及改进制造工艺和技术，如近年来发展的锂离子混合型超级电容器（又称非对称超级电容器），可以兼具锂离子电池高能量密度和超级电容器高功率密度的优点，有望在储能领域发挥重要作用。

石墨烯材料在改善超级电容器电极特性方面有重大的应用前景，可望为提升超级电容器的储能密度和功率密度等起到重要的作用。

（5）易回收的新型电池结构技术

电池的回收和再利用不仅可以避免电池材料对环境的污染，还可以降低电池的全产业链生产成本。目前锂离子电池的结构设计并不适合低成本回收处理，因此开发易回收的新型电池结构技术具有重要意义，例如锂液流电池和锂浆料电池，浆料储能方式非常有利于电池的回收再处理，将是以后重点发展的储能电池技术方向。

（6）储能材料回收再利用技术

现有储能技术的高成本一直是制约新能源并网、电动汽车等行业发展的一个瓶颈问题，除了研发低成本的储能新材料外，对使用后的储能材料进行回收再利用无疑也是节约资源和降低研发成本的重要一环。例如瑞士的巴特利克公司将旧电池磨碎后送往炉内加热，提取挥发出的 Hg 和 Zn，并将 Fe 和 Mn 熔合后炼制锰铁合金，每年可从 2000 t 废电池中加工 780 t 锰铁合金，400 t 锌合金和 3 t Hg[13]；德国马格德堡近郊区兴建的"湿处理"装置，可以溶解铅蓄电池以外的各类电池，并从溶液中提取各种金属，用这种方式获得的原料比热处理方法纯净，因此在市场上具有更高的售价[14]。

（7）稀有资源可替代材料与技术

锂离子电池是目前发展前景最为明朗的储能电池体系，但随着数码、交通等产业对锂离子电池依赖的加剧，锂资源、钴资源等稀有资源必将面临短缺问题，因此探讨可替代材料与技术变得非常重要。在电池材料方面，开发磷酸铁锂、三元材料等替代材料已经成为新的研究热点；在电池类型方面，近年来兴起的有钠离子电池、铝石墨二次电池、Alfa 电池等。钠元素和铝元素在地球上的储量均高于锂元素，很多性质也与锂元素相近，可作为锂的替代材料，但这些新材料面临的一个共同问题是能量密度和循环寿命均低于现有的储锂材料，未来实用化还有很多问题需要解决。虽不是能源行业的主角，但它是不可或缺的重要配角。

　　储能不仅对常规电网具有调峰调频、增强电网安全稳定运行的能力，也能够提高电力系统的经济运行水平，还是实现可再生能源平滑波动、促进可再生能源大规模消纳和接入的重要手段。同时，它更是分布式能源系统和智能电网系统的重要组成部分，在能源互联网中具有重要作用。因此，加强先进储能技术研究，对于推动我国能源生产和利用方式变革，普及应用可再生能源，调整优化能源结构，构建安全、稳定、经济、清洁的现代能源产业体系具有重要的战略意义。储能应用于电网和新能源领域，可以提供频率调整、负载跟踪、削峰填谷和备供电力等作用。

## 3.3　未来先进电工装备的新型电工磁性材料

　　磁性材料是电工领域的基础必备材料，先进电工磁性材料的探索和制备可极大推动电工装备的持续发展和新装备的研制，提升电网智能电力设备和传感器的性能。

### 3.3.1　电工磁性材料的基本类型

　　磁性材料是电工领域的基础必备材料，利用先进电工磁性材料探索和制备新型磁性材料或对已有磁性材料进行特性改进，可极大推动电工装备的持续发展和新装备的研制。先进永磁材料、非晶合金铁磁材料、软磁材料和特殊功能磁性材料等典型电工磁性材料的研究与发展，大大提高了电工装备的性能和新产品开发进度，促进电工技术的快速发展。电气装备中所涉及的磁性材料，具有特定的磁学性能[15]。先进电工磁性材料包括传统磁材料在电工装备中的创新应用、新型磁材料在传统装备中的创新应用和由新型磁材料催生的新型电工装备。电工磁性材料广泛应用于电气工程领域，如电力变压器、电机等铁心部件，是直接影响电工装备电气性能的最关键部分。目前我国容量在 280 kW 以下的中小型电机的设计平均效率为 87%，比国际先进水平低 3%～5%，提高变压器、电机等电工装备的设计水平和电能利用率十分迫切，因而研究和推广先进电工磁性材料的应用成为一个现实需求。目前，非晶合金变压器、永磁电机等已经得到广泛应用。

**1. 软磁材料**

1960 年首次利用快速冷却的方法，制备出 20 μm 厚的 $Au_{75}Si_{25}$ 非晶合金薄带试样；1979 年 Fe 基、Co 基和 Fe-Ni 基系列非晶合金带材诞生；1988 年多种软磁性 Fe 基块体非晶合金问世；2012 年，直径可达 85 mm 的 Pd 基大块非晶合金研制成功。从早期的 Pd、Au 基等贵金属体系到现如今的 Fe、Al 基等常见金属体系，从早期尺寸较小的带材，到目前已发展到块体非晶合金[16]。

20 世纪 80 年代科学家 Gleiter 提出了纳米晶材料的概念，这在材料研究领域具有里程碑式的意义。1988 年，日本日立金属公司的 Yoshizawa 等人在非晶合金的基础上，加入了元素 Cu 和 Nb（铌）通过晶化处理的方法，率先成功研制出了商品号为 Finemet 的纳米晶软磁合金，其性能优于非晶合金。迄今为止，已发现的纳米晶软磁合金主要分为 3 大类：Finemet 的 FeCuNbSiB 系合金、Nanoperm 的 FeMB（Cu）系合金和 Hitperm 的 FeCoZrSiB 系合金（Zr 是锆）。

目前，国际上采用的非晶合金定子铁心开发研制的非晶电机，运行效率可达 95%。2015 年，日本东北大学金属材料研究所成功开发了 FeSiBPCu 系高 Bs 纳米晶合金宽带材的制备技术，带材的宽度可达到 120 mm[17]。该团队与松下电气公司合作试制成功的高效率电机，与普通硅钢电机相比，铁损减少约 70%。该团队还成功制作了 200 V·A 的电力变压器原型机，验证了其应用于电力领域的可行性。

钴基、镍基和铁基等非晶软磁合金可广泛应用于配电变压器、电感器和传感器等。非晶合金带材铁耗极低，仅为冷轧硅钢片的 1/10～1/5，甚至是 1/15。非晶合金变压器比硅钢片变压器的空载损耗低 70%～80%，是节能效果较为理想的配电变压器。非晶合金材料能够显著降低电机的铁耗，尤其是对于高频电机，包括移动电源用发电机、电动汽车用发电机和驱动电动机、高速主轴电动机、风机、压缩机驱动用高频电动机等，铁心损耗占电机总损耗的比例很高，使用非晶合金铁心可以明显提高效率。

**2. 永磁材料**

稀土永磁材料自 20 世纪 60 年代问世以来，凭借其非常优异的性能，在科研、生产和应用领域一直高速发展，稀土永磁主要包括钐钴永磁体和钕铁硼永磁体。

1970 年以来，烧结钐钴磁体的研究基本都是围绕 $Sm(Co,Cu,Fe,Zr)_z$ 高温磁体。北京钢铁研究总院 2012 年已研发成功在 500℃时 $H_{cj} = 5.5$ kOe，$(BH)_{max} = 12.5$ MGOe 的高温磁体。2012 年 8 月，日本东芝公司开发了电机用烧结钐钴磁体，把磁体的铁含量从一般 15wt%（重量百分比）提高到 25wt%，提高磁体的剩磁。

1983 年，日本住友特殊金属公司和美国通用汽车公司分别报道了一个含有钕（Nd）、铁（Fe）和硼（B）的新型永磁体的制备和性能，从而产生了第三代稀土永磁材料——钕铁硼磁体。进入 21 世纪后，烧结钕铁硼的工艺技术有了长足发展。2008 年美国启动了 500 万美元的磁能积大于或等于 717 kJ/m³ 的新型永磁材料研究项目，推动并掀起了新一轮研究热潮。2013 年 4 月，中科三环发表文章宣布，通过对烧结钕铁硼常规工艺的全面优化，结合新型晶界扩散工艺的采用，研制出在 20℃，$H_{cj}$ 高达 35.2 kOe，同时 $(BH)_{max}$ 能保持在 40.4 MGOe 的高性能烧结钕铁硼磁体。

目前各国的主要研究目标是双高磁性能磁体（高磁能积 $(BH)_{max}$ 和高内禀矫顽力 $H_{cj}$）的制备和如何降低生产成本，以适应烧结钕铁硼磁体在风力发电、混合动力汽车/纯电动汽车等低碳经济领域中的应用要求和原材料价格上涨的新形势，同时也是为了促进稀土资源的高效应用。在 2015 年 1 月召开的第 519 次香山科学会议上，与会专家呼吁加强稀土磁性材料特别是永磁的相关基础科学问题研究，改变这个领域基础科研明显滞后于产业发展的现状。

1988 年，Coehoorn 等人首次用熔体快淬方法制备出 $Nd_4Fe_{78}B_{18}$ 非晶薄带，得到由纳米尺寸的 $Nd_2Fe_{14}B$ 和 $Fe_3B$ 组成的各向同性磁粉，其具有显著的剩磁增强效应，从实验上拉开了研究纳米复合稀土永磁材料的研究序幕。目前由代顿大学 Sam Liu 领衔的研究小组制备出磁能积为 440 kJ/m³ 的各向异性全致密纳米复合磁体，这与烧结磁体处于同一水平。1991 年德国的 Knelter 和 Hawing 等人从理论上阐述了软、硬磁性晶粒间的交换耦合相互作用可使纳米复合永磁材料具有硬磁特征，软磁相可以提供更高的磁化强度，可获得比单相纳米晶材料更高的磁能积。1993 年，Skomski 和 Coey 等人研究指出：取向排列的纳米复合永磁材料的理论磁能积可达 1 MJ/m³，远远高于目前性能最好 NdFeB 永磁材料的磁能积，说明纳米复合永磁材料的磁能积还有很大的提高空间。此外，通过调整硬磁和软磁相的比率，可以调整材料的综合磁性能。由于减少了合金中稀土的含量，该材料的成本大大降低。因此，许多研究者认为，纳米复合材料是硬磁材料的主要发展方向，有望发展成为新一代稀土永磁材料。

目前，纳米复合永磁材料存在的主要问题是实验值与理论值差距太大，块体纳米晶复合永磁材料的最大磁能积还没有达到当前各向异性单相永磁材料的水平。基于纳米复合永磁材料自身的特点，近几年来科学工作者从合金成分优化和工艺改进入手，力求获得尽可能满足条件的组织结构，从而进一步获得潜在的高性能。2015 年 5 月，美国弗吉尼亚联邦大学的一研究小组宣称合成出一种新型磁性材料，该材料在磁性方面可媲美稀土制传统永磁材料，有望降低工业生产中对稀土资源的依赖。

**3. 其他磁性功能材料**

其他磁性功能材料主要包括磁性液体材料、超磁致伸缩材料、巨磁电阻材料等。1965 年，美国国家航空航天局研制了磁性液体，并应用于失重下输送液体和宇航服密封。1970 年，我国几所高校和单位开始研究磁流变液。1990 年，日本研制出第三代氮化铁磁性液体，具有良好的抗腐蚀性和较高磁性能。同期，北京交通大学首次制备出耐酸碱的氟碳化合物基氟醚油磁性液体。现在主要是不断发现新的应用领域，提出新的应用技术。

20 世纪 60 年代初，Legvold 等人发现稀土金属 Tb 和 Dy 在低温下磁致伸缩系数非常大，但是有序化温度很低。20 世纪 70 年代，美国的 Arthur E Clark 等人发现三元稀土合金材料的磁致伸缩系数为传统磁致伸缩材料的几十倍，所以称其为超磁致伸缩材料或大磁致伸缩材料。20 世纪 80 年代中期，开始出现了商品化的稀土超磁致伸缩材料，主要的代表为美国 Edge Technologies 公司生产的 Terfenol-D 和瑞典 FeredynAB 公司生产的 Magmek 86。1988 年，巴西学者 Baibich 发现（Fe/Cr）多层膜的磁电阻效应比坡莫合金的各向异性磁电阻效应约大一个数量级，这立即引起了全世界的轰动。1997 年，IBM 公司研制出巨磁电阻效应的读出磁头，将磁盘记录密度一下子提高了 17 倍，达到了 5 Gbit/in$^2$。2007 年诺贝尔物理学奖授予了发现巨磁电阻效应的法国物理学家阿贝尔·费尔和德国科学家彼得·格伦贝格尔。目前已发现具有巨磁电阻效应的材料主要有多层膜、自旋阀、纳米颗粒膜、磁性隧道结、非连续多层膜、氧化物陶瓷和熔淬薄带等。

**4. 左手材料**

左手材料是一种介电常数和磁导率同时为负值的材料。通过合适的单元结构设计可实现如负折射、超透镜和电磁隐身等多种奇异电磁特性。

1998~1999 年英国科学家 Pendry 等人实现负的介电常数和磁导率。2001年，美国 David Smith 等物理学家首次制造出微波波段具有负介电常数和负磁导率的物质，证明了左手材料的存在。2002 年 7 月，瑞士制造出三维左手材料。2002 年 12 月，麻省理工学院孔金瓯教授从理论上证明了左手材料存在的合理性。2003 年，左手材料研究获得多项突破，其材料的研制被《科学》杂志评为2003 年度全球十大科学进展，引起全球瞩目。2004 年，复旦大学资剑等人实现了左手介质超平面成像实验，同年，加拿大科学家制造出一种左手镜片，其工作原理与具有微波波长的射线有关，这种射线在电磁波频谱中的位置紧邻无线电波。2009 年，美国杜克大学与中国东南大学合作，成功研制出微波段新型"隐形衣"，同年 11 月成功制作出人造电磁学收集器。2013 年，新加坡 Zhou Y 等制备出大面积三维渔网结构左手材料。

目前，左手材料的研究重点在微波和光学领域，应用集中在电磁隐身等方面，科学家预言左手材料可应用于通信系统以及资料储存媒介的设计上，用来制造容量更大的存储媒体。鉴于左手材料优异的材料特性，近年来人们已经开始探索其在低频领域的应用，主要集中于无线电能传输（WPT）和磁屏蔽两方面。左手材料能够聚集磁场并且以极高的效率将其分散到空间指定区域，从而实现自由空间区域磁场能量的大范围集中以及磁场源到给定距离点的磁传输。左手材料的这种特性能够用来提高磁场传感器的灵敏度以及实现无线电能传输方面的应用。左手材料的低频化存在固有损耗大和尺寸庞大等问题。一旦这些瓶颈问题得以突破，左手材料有望在变压器和电机等电力设备中得到应用。如平面变压器，由于射频段磁性材料低磁导率的限制，其体积一般而言相对庞大，应用高磁导率的左手材料可明显降低高频平面变压器的尺寸。

## 3.3.2　电工磁性材料的技术发展方向

### 1. 软磁材料

非晶合金被广泛应用于制作配电变压器、电感器和电机等，发展方向为加强纳米晶软磁材料的基础和应用研究。优化设计纳米晶软磁材料的成分、提高现有制备技术水平，积极探索新工艺、新方法，以求提高纳米晶软磁材料的软磁性能和综合性能，达到降低生产成本、提高应用价值的目的。

纳米晶软磁合金的制备研究方面：在保证合金综合性能的同时，研究以廉价金属元素代替部分昂贵金属元素，降低合金成本；对纳米晶合金成分设计、制备方法及工艺过程工程参数选定和热处理工艺制定等进行系统研究，以期得出综合磁性能优异合金成分及成分含量、制备工艺及热处理一体化配合的合金制备方案；机械合金化法具有工艺简单、经济和良好的可操控性，因此机械合金化法制备高品质纳米晶软磁材料的研究也是重要方向。

纳米晶软磁合金的应用研究方面：随着纳米晶软磁材料应用领域的不断拓宽，大尺寸和复杂形状部件的要求日益迫切。因此，针对电网应用需求，研究制作工艺、工作条件等对产品性能的影响等是将材料应用到电力设备的基础。

**2. 永磁材料**

加快高性能或新型稀土永磁材料的研究，开发性能优于 NdFeB 的第四代稀土永磁。研究低钕、高耐蚀性、长寿命、低重稀土和混合稀土烧结钕铁硼材料急需解决的部分共性关键核心技术问题。

稀土永磁材料的制备方面：主要包括改善磁能积、矫顽力、温度系数特性、工作温度、体积密度和抗腐蚀等应用基础研究和制造工艺流程研究；低钕、高耐蚀性、长寿命、低重稀土和混合稀土烧结钕铁硼材料的制备；探索和开发新型稀土永磁材料及其制备技术。

稀土永磁材料应用方面：不同种类磁性材料特性的研究；稀土永磁材料作为电机铁心的性能研究并开发高效电机产品。

纳米复合永磁材料的基础研究方面：由于成分和微结构上的复杂性，纳米复合永磁材料具有全新的特征。进行纳米复合永磁材料的结构设计，研究如何制备和优化该材料可控备技术；纳米复合磁性材料的磁性耦合机理研究；探索实现纳米耦合的高矫顽力和高磁能积的硬磁新相和高饱和磁化强度的软磁新相。

**3. 磁性功能材料**

新功能磁性液体的研制开发，重点在于获得稳定性与磁性俱佳的超微粒子，并寻找表面活性与之相匹配的载液。在磁性液体的应用基础研究方面，重点研究纳米磁性液体各组成成分对性能的影响，磁性液体各种现象与性能的微观机理，磁性液体装置的研制及工作机理、特性的研究，新应用领域和应用技术的探索等。

超磁致伸缩材料应重点研究提高材料磁致伸缩系数的方法、研制新型合金磁致伸缩材料以提高磁致伸缩特性、探索材料磁致伸缩的机理并建立相关物理模型、研究探索超磁致伸缩材料在能量转换和传感方面的新应用。

巨磁电阻材料今后的研究在于材料的制备，如多层膜、自旋阀、纳米颗粒膜、磁性隧道结、非连续多层膜、氧化物陶瓷、熔淬薄带等；发展不同巨磁电阻材料的特性研究及影响其性能的因素；探索巨磁电阻材料在电力传感器等领域的应用。

**4. 左手材料**

目前关于左手材料的研究成果主要集中于微波及以上波段，一般采用细线和开口环谐振器作为基元，低频谐振基元的固有特性是窄带宽和高损耗。另外，由于波长的限制，低频左手材料基元的尺寸十分庞大，严重制约了其在电力系统的应用。因此，降低低频左手材料的固有损耗、实现低频左手材料的微型化是其在电力系统应用的发展方向。

## 3.4　未来电力电子化能源系统的新型半导体材料和器件

### 3.4.1　宽禁带半导体材料的基本类型

20 世纪 80 年代末，电力系统已发展成为超高压远距离输电、跨区域联网的大系统，自 90 年代末开始，以风电为代表的可再生能源的接入极大地推动了电力系统的技术进步。社会经济和电力系统的迅速发展和人们对现代电力系统安全、稳定、高效、灵活运行控制要求的日益提高，促使现代电网的管理和运营模式正在发生深刻的变革。近十几年来，大功率半导体器件和变流技术的飞速发展，使现代高性能电力电子装置在电力系统应用中展示了强大的生命力。较之传统的电力系统控制设备而言，现代高性能电力电子装置具有一系列特点：具有变流、变频和调相能力；快速的响应性能；利用极小的功率控制极大功率；可实现高精度控制；变流器体积小、重量轻等[18]。因此，近年来电力电子技术在电能发生、输送、分配和使用的全过程都得到了广泛而重要的应用，但是，与其他应用领域相比，电力系统要求电力电子装置具有更高的电压、更大的功率容量和更高的可靠性。由于在电压、功率耐量方面的限制，上述这些硅基大功率器件不得不采用器件串、并联技术和复杂的电路拓扑来达到实际应用的要求，导致装置的故障率和成本大大增加，制约了现代电力电子技术在现代电力系统中的应用，亟待大幅提高。

近年来，以硅（Si）和砷化镓（GaAs）为代表的第一代和第二代半导体材料的高速发展，推动了功率半导体技术的迅猛发展[19]。然而受材料性能所限，这些半导体器件大都只能在200℃以下的环境中工作，不能满足现代电网和电子技术对高温、高频、高压以及抗辐射器件的要求。宽禁带半导体材料主要包括碳化硅（SiC）、氮化镓（GaN）、氮化铝（AlN）、氧化锌（ZnO）和金刚石等。这类材料具有较大的禁带宽度（禁带宽度大于2.2 eV）、高的热导率、高的击穿电场、高的抗辐射能力、高的电子饱和速率等特点，适用于高温、高频、抗辐射及大功率器件的制作[20]。

由于具有优良的热学、力学、化学和电学性能，宽禁带半导体材料在电网、交通运输、航空航天和石油开采等方面有着广泛的应用前景，特别是在航天、军工及核能等极端环境应用领域有着不可替代的优势，可以弥补传统半导体材料器件在实际应用中的缺陷，正逐渐成为功率半导体的主流⊖。从目前宽禁带半导体材料和器件的研究来看，SiC和GaN较为成熟，而ZnO、AlN和金刚石等第3代半导体材料的研究还处于起步阶段，具体分析见表3-3。

**表3-3　宽禁带半导体材料性能对照**

| 性　　能 | Si | GaAs | 4H-SiC | GaN | Diamond | β~Ga$_2$O$_3$ |
|---|---|---|---|---|---|---|
| 禁带宽度 $E_g$/eV | 1.1 | 1.4 | 3.3 | 3.4 | 5.5 | 4.8~4.9 |
| 电子迁移率 $\mu$/[cm$^2$/(V·s)] | 1400 | 8000 | 1000 | 1200 | 2000 | 300 |
| 击穿电场 $E_b$/(MV/cm) | 0.3 | 0.4 | 2.5 | 3.3 | 10 | 8 |
| 相对介电常数 $\varepsilon$ | 11.8 | 12.9 | 9.7 | 9.0 | 5.5 | 10 |
| 巴利加优值 $\varepsilon\mu E_b^3$ | 1 | 15 | 340 | 870 | 24664 | 3444 |

### 1. 宽禁带半导体材料

#### ● 碳化硅（SiC）

目前SiC的主要应用领域有LED照明、雷达、太阳能逆变，未来SiC器件将在智能电网、电动机车、通信等领域扩展其用途，市场前景不可估量。随着SiC晶体生产成本的降低，SiC材料正逐步取代Si材料成为功率半导体材料的主流，由于其能够打破Si芯片由于材料本身性能而产生的瓶颈，给电力电子产业带来革命性的变革。

SiC由碳原子和硅原子组成，其晶体结构具有同质多型体的特点，已经发现

---

⊖　http://weixingdaohang.juhangye.com/201708/news_18981573.html

SiC 具有 200 多种多型体，在半导体领域最常用的是 4H-SiC 和 6H-SiC。SiC 的禁带宽度是 Si 的 2.7 倍、GaAs 的 2.1 倍，热导率是 Si 的 3 倍、GaAs 的 10 倍，击穿电场约为 Si 的 10 倍，饱和电子漂移速率是 Si 的 2 倍，抗辐射、化学稳定性好[⊖]。

　　国外对碳化硅的研究早在 20 世纪 50 年代末就已开始了。到了 20 世纪 80 年代中期，美国海军研究局和国家宇航局与北卡罗来纳州大学签订了开发碳化硅材料和器件的合同，并促成了在 1987 年建立专门研究碳化硅半导体的 Cree 公司。20 世纪 90 年代初，美国国防部和能源部都把碳化硅集成电路列为重点项目，要求到 2000 年在武器系统中要广泛使用 SiC 器件和集成电路，从此开始了有关碳化硅材料和器件的系统研究，并取得了令人鼓舞的进展。美国政府与西屋西子公司合作，投资 450 万美元开发了 3inch 纯度均匀、低缺陷的碳化硅单晶和外延材料。另外，制造碳化硅器件的工艺（如离子注入、氧化、欧姆接触和肖特基接触以及反应离子刻蚀等工艺）取得了重大进展，这促成了碳化硅器件和集成电路的快速发展。

　　近年来，作为一种新型的宽禁带半导体材料，碳化硅因其出色的物理及电特性，正越来越受到产业界的广泛关注。碳化硅电力电子器件的重要系统优势在于具有高压（达数万伏）高温（>500℃）特性，突破了硅基功率半导体器件电压（数千伏）和温度（<150℃）限制所导致的严重系统局限性。随着碳化硅材料技术的进步，各种碳化硅功率器件被研发出来，由于受成本、产量以及可靠性的影响，碳化硅功率器件率先在低压领域实现了产业化，目前的商业产品电压等级为 600~1700 V。随着技术的进步，高压碳化硅器件已经问世，并持续在替代传统硅器件的道路上取得进步。随着高压碳化硅功率器件的发展，已经研发出了 19.5 kV 的碳化硅二极管，3.1 kV 和 4.5 kV 的门极关断（GTO）晶闸管，10 kV 的碳化硅 MOSFET 和 13~15 kV 碳化硅 IGBT 等。它们的研发成功以及未来可能的产业化，将在电力系统中的高压领域开辟全新的应用。

　　目前制约 SiC 晶片发展的关键点在于晶体生长和晶片的切割及抛光，后者决定了产品的良品率和成本。我国产业发展所需的 SiC 晶片衬底基本依赖进口。

　　● 氮化镓（GaN）

　　宽禁带半导体材料 GaN 具有禁带宽度大、饱和电子漂移速度高、临界击穿

　　⊖　http://www.p-e-china.com/neirjz.asp? newsid=38453

电场大和化学性质稳定等特点。因此，基于 GaN 材料制造的电力电子器件具有通态电阻小、开关速度快、高耐压及耐高温性能好等特点。与 SiC 材料不同，GaN 除了可以利用 GaN 材料制作器件外，还可以利用 GaN 所特有的异质结结构制作高性能器件。GaN 可以生长在 Si、SiC 及蓝宝石上，由于在价格低、工艺成熟且直径大的 Si 衬底上生长，GaN 具有低成本、高性能的优势，因此受到广大研究人员和电力电子厂商的青睐[21]。

20 世纪 90 年代之后，LED 产业的快速发展大大促进了 GaN 的发展，其年均增长率超过 30%。进入 21 世纪，GaN 开始进军大功率电子器件市场。目前，全球涉足 GaN 器件的公司主要有美国的国际整流器公司、射频微系统公司、飞思卡尔（Freescale）半导体公司，德国的 Azzurro 公司，英国的普莱思半导体公司，日本的富士通公司和松下公司，加拿大的氮化镓系统公司等。而在 2012 年，全球仅有 2~3 家器件供应商，2013 年后陆续有多家公司推出新产品，GaN 器件市场开始得以快速发展。如 2013 年美国 IR 开始商业装运 GaN 功率器件，同年，德国 Azzurro 公司推出“1Bin”硅基氮化镓 LED 晶圆，美国射频微系统公司推出世界首个用于制造射频功率晶体管的碳化硅基氮化镓晶圆，东芝推出第 2 代硅基氮化镓白色 LED，英国普莱思半导体公司（Plessey）推出光效翻倍的新一代硅基氮化镓 LED；2015 年，美国 Qorvo 公司推出雷达和无线电通信用塑料封装氮化镓晶体管，日本松下宣称 2016 年量产用于电源和马达控制的 GaN 半导体。

2012 年，全球氮化镓器件市场占有率由高到低依次为美国、欧洲、亚洲和世界其他地区，其中美国在全球市场占有率达 32.1%。据美国透明度市场研究公司称，2012 年氮化镓半导体器件市场产值约为 3.8 亿美元，其中军事国防和宇航部分占据氮化镓半导体市场的最高份额。

● 金刚石

金刚石是一种极具优势的半导体材料，它既能作为有源器件材料制作场效应晶体管、功率开关等器件，也能作为无源器件材料制成肖特基二极管。而且，由于金刚石具有最高的热导率和极高的电荷迁移率，其制成的半导体器件能够用在高频、高功率、高电压等恶劣环境中。

目前，自支撑单晶本征金刚石的制备以及硼掺杂技术已趋于成熟，金刚石掺硼的 p-型材料已基本实用化。但在金刚石半导体应用领域仍存在许多问题亟待突破。首先，由于 n-型掺杂问题尚未突破，难以得到合格的 n-型导电材料，这严重制约了金刚石半导体在电子领域的应用。其次，虽然大量高质量、超高纯度、具有半导体性能的金刚石材料的制备技术取得一定进展，但制备成本很高，难以实现规模化量产。此外，金刚石在制作器件过程中的处理技术往往会影响器件性能，微处理技术也有待改进提高。

● 氮化铝（AlN）

AlN 是一种具有宽的禁带宽度（6.2 eV）的新型半导体材料，在微电子、光学、电子元器件、声表面波器件（SAW）制造、高频宽带通信和功率半导体器件等领域有着广阔的应用前景。如利用其高击穿场强、高热导率、高电阻率、高化学稳定性和高热稳定性，可用于电子器件、电子封装、介质隔离等；利用其宽禁带宽度，将其作为蓝光、紫光等发光材料；此外，还可以利用其压电性能、高的声表面波传播速度和高的机电耦合系数等特点，将其作为高频表面波器件的压电材料。

目前，AlN 基片已经实现产业化，但是为了实现 AlN 在微电子、光电子及声表面波器件中的应用，还需要在不同衬底上制备 AlN 外延薄膜材料，但其制备方法和制备设备都限制其产业化。一方面，AlN 薄膜制备设备复杂且造价昂贵；另一方面，AlN 薄膜制备方法仍需进一步完善。从目前制备方法来看，较成熟的制备方法需要把衬底加热到一定温度，但集成光学器件生产过程中为避免衬底材料热损伤往往要求薄膜制备过程保持在较低温度下。目前虽然有报道称在较低温度下制备出 AlN 薄膜，但其制备方法尚不成熟。

● 氧化锌（ZnO）

ZnO 也是一种具有宽禁带宽度（3.37 eV）的半导体材料，借助其优异的透明导电性，可用于制作太阳能电池的透明电极和透明窗口材料；借助其优良的高频特性、压电性能、高机电耦合系数和低介电常数，可用于制作压电器件、表面声波器件等；借助其激发发射近紫外光和蓝光的优越条件，可以开发出紫光、绿光、蓝光等多种发光器件；借助其较高的激子束缚能（60 meV，约为GaN 的 3 倍），在室温下即可受激发射，可以制备短波长光电器件等。

目前，红色 LED 和绿色 LED 显示器件已有商品问世，但彩色显示器和氧化锌基光电器件尚未实现商品化。彩色显示器未商业化的原因主要是蓝光亮度和色纯度未达到实用水平，无法通过三基色实现彩色显示。氧化锌基光电器件未商业化主要是氧化锌作为一种 n-型半导体，难以实现 p-型转变，使得半导体器件的核心——氧化锌 p-n 结构很难制得，大大地限制了氧化锌基光电器件的开发应用。目前，p-型氧化锌的研究已成为国际上的研究热点。

### 2. 宽禁带半导体单晶材料

● SiC 单晶材料的关键技术

常规半导体材料的晶锭生长是采用元素半导体或化合物半导体熔融液中的直拉单晶法或籽晶凝固法。然而由于热动力学原因，固态 SiC 只有在压强超过 $1 \times 10^5$ atm（1 atm = 101.325 kPa）、温度超过 3200℃时才会熔化。目前，晶体生长实验室及工厂所拥有的技术手段还无法达到这样的要求。迄今为止，物理气相传输法（PVT）是生长大尺寸、高质量 SiC 单晶的最好方法，也称为改良的 Lely 法或籽晶升华法，这种方法占据了 SiC 圆晶供应量的90%以上。此外，高温化学气相沉积法（HTCVD）也可以用来制备 SiC 单晶[22]。

（1）物理气相传输法（PVT）

PVT 生长 SiC 单晶一般采用感应加热方式，在真空下或惰性气体气氛保护的石墨坩埚中，以高纯 SiC 粉为原料，在一定的温度和压力下，固态 SiC 粉发生分解升华，生成具有一定结构形态的气相组分 $Si_m C_n$，由于石墨坩埚反应腔轴向存在着温度梯度，气相组分 $Si_m C_n$ 从温度相对较高的生长原料区向温度相对较低的生长界面（晶体/气相界面）运动，并在 SiC 籽晶上沉积与结晶。如果这个过程持续一定时间，生长界面将稳定地向原料区推移，最终生成 SiC 晶体。PVT 采用 SiC 籽晶控制所生长晶体的构型，克服了 Lely 法自发成核生长的缺点，可得到单一构型的 SiC 单晶，生长出较大尺寸的 SiC 单晶；生长压力在一个大气压（1 atm）以内，生长温度在 2000~2500℃之间，远低于熔体生长所需的压力和温度。PVT 生长 SiC 晶体需要建立一个合适的温场，从而确保从高温到低温形成稳定的气相 SiC 输运流，并确保气相 SiC 能够在籽晶上成核生长。然而，在晶体生长过程中涉及多个生长参数的动态控制问题，而这些工艺参数之间又是相互制约的，因此该方法生长 SiC 单晶的过程难于控制；此外，生长过程中 SiC 粉料不断碳化也会对气相组成以及生长过饱和度造成一定的影响。以上因素使得目前国际上只有少数几个机构掌握了 PVT 生长 SiC 单晶的关键技术。

（2）高温化学气相沉积法（HTCVD）

HTCVD 制备 SiC 晶体一般利用感应射频或石墨托盘电阻加热使反应室保持所需要的反应温度，反应气体 $SiH_4$ 和 $C_2H_4$ 由 $H_2$ 或 He 载带通入反应器中，在高温下发生分解生成 SiC 并附着在衬底材料表面，SiC 晶体沿着材料表面不断生长，反应中产生的残余气体由反应器上的排气孔排出。通过控制反应器容积的大小、反应温度、压力和气体的组分等，得到最佳的工艺条件。

该方法已经被用于在晶体生长工艺中获得高质量外延材料[23]，瑞典的 Okmetic 公司于 20 世纪 90 年代开始研究此技术，并且在欧洲申请了该技术的专利。这种方法可以生长高纯度、大尺寸的 SiC 晶体，并可有效减少晶体中的缺陷，但如何阻止 SiC 在生长系统中的沉积是该方法所面临的主要问题。

SiC 晶片主要以 4H、6H 衬底居多，其中 6H 主要用于 LED，4H 适用于功率器件。目前，市场上 90% 的 SiC 晶片用于制造高亮度 LED 的衬底材料。目前全球 SiC 晶片的总产量约为 80 万片，晶片的产值约为 5 亿美元，其中约 80% 为 2 ~ 4 inch 的 SiC 晶片，6 inch 的 SiC 晶片已经面向市场，正形成规模产量。预计到 2020 年，全球 SiC 单晶炉数量将超过 3000 台，SiC 衬底产量将超过 200 万片，市场规模将达到 20 亿美元，外延材料市场规模约 10 亿美元。

在 SiC 单晶领域，走在世界前列的是美、日、欧等国家和地区，90% 以上的生产在美国，亚洲只占 4%，欧洲占 2%。2013 年以来，Cree 公司先后宣布在 4 inch 和 6 inch SiC 晶体生长和晶片加工技术上取得了重大突破，其中直径为 101.6 mm 的晶片已批量生产并商品化。德国的 SiC rystal 公司是欧洲的 SiC 供应商，最大尺寸可提供 4 inch SiC 衬底片，日本新日铁公司 2009 年开始提供 2 ~ 4 inch SiC 衬底片。我国 SiC 产业起步较晚，经过不懈努力，我国 SiC 材料产业发展技术水平与国外差距正在缩小，初步建成了 SiC 生长以及加工、检测、清洗、封装的生产线，发展成为亚太地区 SiC 晶片生产制造的先行者。我国具有小规模量产能力的公司有北京天科合达蓝光半导体有限公司、山东天岳晶体材料有限公司、东莞市天域半导体科技有限公司以及瀚天天成电子科技（厦门）有限公司等。各公司的产品规格对比见表 3-4。

表 3-4 各公司的产品规格对比

| 公　　司 | 产 品 规 格 |
| --- | --- |
| CREE | 100 mm 和 150 mm 的 SiC 衬底片 |
| Dow Corning | 100 mm 的 SiC 衬底片 |
| SiC rystal | 100 mm 的 SiC 衬底片 |
| II-VI | 50 mm、75 mm 和 100 mm 的 SiC 衬底片 |
| 北京天科合达蓝光半导体有限公司 | 50 mm、75 mm 和 100 mm 的 SiC 衬底片 |
| 山东天岳晶体材料有限公司 | 50 mm、75 mm 和 100 mm 的 SiC 衬底片 |
| 东莞市天域半导体科技有限公司 | 75 mm 和 100 mm 的 SiC 衬底片 |
| 瀚天天成电子科技（厦门）有限公司 | 碳化硅外延晶片 |

● GaN 单晶材料的关键技术

Ga≡N 价键的键能很大,在熔点(2493 K)处的分解压很高(大约为 6 GPa),低于此分解压时,GaN 还没熔化就已经分解了。在常压下,GaN 只有在低于 1200 K 时是稳定的,要使 GaN 在更高温度下稳定则必须提高其所处环境的压强。因此,生长硅单晶和砷化镓单晶常用的是平衡态的熔体生长方法,传统的直拉法等都不适用于 GaN 体单晶的生长[24]。

目前,只能采用一些特殊的生长方法来生长 GaN 体单晶,GaN 体单晶衬底还处于亟待深入和扩大研究的重要阶段,科研机构正在尝试通过不同的方法优化现有的生长方法,以期通过更低的成本得到尺寸更大、质量更好的 GaN 单晶。当前用于 GaN 体单晶生长的方法主要有 4 种,即高压氮溶液生长法(High Nitrogen Pressure Solution Method)、钠助熔剂法(Na Flux Method)、氨热生长法(Ammonothermal Growth Method)和氢化物气相外延方法(Hydride Vapor Phase Epitaxy,HVPE)。

使用钠助熔剂法生长 GaN 晶体时,需要使用 Na、Li 等活泼金属作助熔剂,并且需要加入微量的其他元素(如 C、Ga、Li)以提高 GaN 晶体的质量,容易在 GaN 晶体中引入杂质元素;使用高压氮溶液生长法时,反应条件苛刻,需要较高的温度(1750 K)和压强(1 GPa),对设备要求极高,不利于大规模推广;使用氨热生长法时,生长工艺较复杂,且对设备的要求较高。相比较而言,HVPE 具有设备简单、成本低、生长速率快等优点,可以生长大尺寸(2 inch、3 inch)、均匀性好的 GaN 体单晶,并可通过机械研磨或激光剥离的方法将异质衬底剥离下来,从而得到自支撑的 GaN 衬底,作为同质外延的衬底进行下一步外延生长。基于上述优点,利用 HVPE 生长 GaN 自支撑衬底,是目前最有前景的可商业化生产 GaN 自支撑衬底的方法。

要进一步提高 GaN 衬底的生产效率,就必须发展多片 HVPE 系统。然而,由于受制于膜厚均匀性等关键问题目前还无法解决,需要建立大型加热炉热场稳态及非稳态模型,并采用增加绝热反射层的方式控制热散失,预计这种可以实现可控的大面积均匀温场。

● 单晶材料的主要缺陷

(1)微管

微管缺陷严重阻碍了多种宽禁带半导体器件的商业化,被称为"杀手型"缺陷,现有微管缺陷形成机制通常使用微管与大伯格斯矢量超螺形位错相结合的 Frank 理论[25]。在生长过程中，沿超螺形位错核心方向的高应变能密度会导致该处优先升华，因此微管缺陷具有空心的特征。微管缺陷的产生往往会伴随其他过程的出现，如微管道分解、迁移、转变和重新结合等，并且随着晶体直径的增加，控制所有生长参数达到所需的精度越来越困难，微管缺陷的密度也会随之增加。尽管微管的形成具有不同理论和技术方面的原因，通过对生长工艺的改进，但过去几年里 SiC 单晶的微管密度仍然在持续下降。随着技术的进步，减少甚至彻底消除这类缺陷已成为可能。

（2）多型

确保单一晶型对于宽禁带半导体单晶衬底是非常重要的，晶型的转变不但会严重破坏晶体的结晶完整性、改变材料的电学特性，还为微管缺陷提供了成核点，并延伸至晶锭的其余部分。晶体生长过程中有一个台阶聚集的倾向，这就会形成大的台面，台阶边缘数量的减少，会使得到达的不同原子可能无法扩散到台阶边缘，而在台面中心形成新的晶核，这些新晶核可能具有与底层材料不同的双层堆垛次序，从而导致晶型的改变。在晶体生长过程中，各种晶型的晶体不存在固定的形成温度范围。温度、杂质、压力、过饱和度、籽晶取向和极性以及生长区原子比，都会影响到多型结构的形成。由于多型共生会对晶体的结晶质量产生致命的影响，从某种意义上说，如何抑制和消除多型共生缺陷，是宽禁带半导体晶体生长研究的一个重要任务。

（3）小角晶界

在晶体生长过程中，由于气相组分过饱和使晶坯边缘进行择优生长，从而产生了偏离籽晶方向的晶格失配区域，在晶格失配区域中，不同晶向的晶粒之间形成晶界。晶界通常由扩展边缘和螺旋位错构成，并贯穿整个晶锭，这对器件结构是致命的。靠近晶体边缘的小角晶界是大直径晶体在非优化工艺条件下生长时形成的，它是宽禁带半导体材料中具有轻度位错的不同区域之间的交界，小角晶界作为应力中心，增加了外延生长过程中晶片在缺陷处破裂的可能性，因此应尽量减少或消除晶体中小角晶界的密度。研究表明，生长室内的径向温度梯度对小角晶界的结构和形貌具有一定的影响，小的径向温度梯度可以减少小角晶界的位错形成。

## 3.4.2　宽禁带半导体材料与器件的技术发展方向

在当前科技创新、科技强国的时代，以 SiC 半导体为代表的第三代宽禁带半导体材料的研究和开发已经得到世界各国的高度重视。由于宽禁带半导体衬底材料可制作大功率、高热导率的高频率微波器件、功率器件和照明器件，故其具有非常显著的性能优势和巨大的产业带动作用，欧、美、日等发达国家和地区都把发展宽禁带半导体技术列入国家战略，投入巨资支持发展，并已在 SiC 晶体生长技术、关键器件工艺、光电器件开发、相关集成电路制造等方面取得了突破。

我国国内开展碳化硅、氮化镓材料和器件方面的研究工作比较晚，和国外相比，水平还比较低。到目前为止，2 inch、3 inch 的碳化硅衬底及外延材料已经商品化。目前研究的重点主要是 4 inch 碳化硅衬底的制备技术以及大面积、低位错密度的碳化硅外延技术。由于第一代、第二代半导体领域的研究和开发严重落后于欧美日等发达国家和地区，我国每年都要进口 2000 亿美元以上的电子器件，且一直未能实现突破和赶超。功率半导体材料的主要发展方向是通过不断缩小器件的特征尺寸，增加芯片面积以提高集成度和功率密度。宽禁带半导体单晶材料向着大尺寸、高均质、晶格高完整性方向发展，这对单晶电阻率的均匀性、杂质含量、微缺陷、位错密度、芯片平整度、表面洁净度等都提出了更加苛刻的要求。

在电力电子器件及应用领域，重点研究包括 SiC、GaN 等宽禁带半导体材料的大尺寸、低缺陷、高可靠制备，半导体材料的表面沟道钝化技术，新型半导体材料的研制和功能解析，更高电压等级、更大电流容量、更低导通电阻、更快开关速度的硅基电力电子器件的设计和制备，多芯片、多模块的功率器件组合扩容和串并联技术，宽温度特性、高运行特性的新一代电力电子器件的新结构、新工艺、新原理和新设计，电力电子功率器件的先进封装、驱动和保护技术，电力电子功率器件的可靠性分析和应用技术等。

碳化硅器件技术的应用涉及电力系统的各个方面，包括固态变压器、柔性交流输电、静止无功补偿、高压直流输电、柔性直流输电以及配电系统等应用。同时，电力系统的发展和进步将对高电压、大容量、高频、高温的功率半导体器件的需求持续增长。碳化硅功率器件的卓越性能和它们的巨大潜力使研究界和工业界对之有着持续的热情，这些年在研发和产业化方面也取得了重大的突破。在当前节能减排的重大国际发展趋势下，对于碳化硅功率器件而言，其优势明显。可以预见，新型高压大容量碳化硅功率器件将在高压电力系统中开辟出全新的应用，对电力系统的发展和变革产生持续的重大影响。

在当前科技创新、科技强国的时代，以 SiC 半导体为代表的第三代宽禁带半导体材料的研究和开发已经得到世界各国的高度重视。由于宽禁带半导体衬底材料可制作大功率、高热导率的高频率微波器件、功率器件和照明器件，具有非常显著的性能优势和巨大的产业带动作用，欧、美、日等发达国家和地区都把发展宽禁带半导体技术列入国家战略，投入巨资支持发展，并已在 SiC 晶体生长技术、关键器件工艺、光电器件开发、相关集成电路制造等方面取得了突破。

我国国内开展碳化硅、氮化稼材料和器件方面的研究工作比较晚，和国外相比水平还比较低。国内已经有一些单位在开展碳化硅材料的研究工作。到目前为止，2 inch、3 inch 的碳化硅衬底及外延材料已经商品化。目前研究的重点主要是 4 inch 碳化硅衬底的制备技术以及大面积、低位错密度的碳化硅外延技术。由于第一代、第二代半导体领域的研究和开发严重落后于欧美日等发达国家和地区，我国每年都要进口 2000 亿美元以上的电子器件，一直未能实现突破和赶超。功率半导体材料的主要方向是通过不断缩小器件的特征尺寸，增加芯片面积以提高集成度和功率密度。宽禁带半导体单晶材料向着大尺寸、高均质、晶格高完整性方向发展。对单晶电阻率的均匀性、杂质含量、微缺陷、位错密度、芯片平整度、表面洁净度等都提出了更加苛刻的要求。

在电力电子器件及应用领域，重点研究包括 SiC、GaN 等宽禁带半导体材料的大尺寸、低缺陷、高可靠制备；半导体材料的表面沟道钝化技术；新型半导体材料的研制和功能解析；更高电压等级、更大电流容量、更低导通电阻、更快开关速度的硅基电力电子器件的设计和制备；多芯片、多模块的功率器件组合扩容和串并联技术；宽温度特性、高运行特性的新一代电力电子器件的新结构、新工艺、新原理和新设计；电力电子功率器件的先进封装、驱动和保护技术；电力电子功率器件的可靠性分析和应用技术等。

## 3.5　推进能源系统发展的智能（功能）材料

智能（功能）材料是指能感知环境条件并做出相应"反应"的材料，其构想来源于仿生学，因此智能（功能）材料必须具备感知、驱动和控制这 3 个基本要素。在能源系统领域，具有自动感知、驱动及控制功能的非线性绝缘材料、自愈合绝缘材料等，拥有着广泛的应用前景。

### 3.5.1 非线性绝缘材料

非线性绝缘材料是指随电场强度的改变，相对介电常数和电导率也随之变化的绝缘介质，它的突出优点是具有在不均匀电场下自行均化电场分布的能力，抑制产生空间电荷，提高绝缘结构的电气性能，因而又被称为"智能绝缘材料"。

在高压、超高压乃至特高压交直流输变电系统中，由于绝缘设备或部件自身承受电场分布的不均匀性，电场强度较大。尤其是导致出现电晕、局部放电等现象部位的电介质材料，其老化速度加快，对系统的长期安全稳定运行带来更大的威胁。我国电网长期的运行经验表明，引起高压电缆绝缘性能劣化甚至破坏的主要因素是电树枝老化和水树枝老化，抑制高压电缆绝缘中电树枝的形成与发展以及减薄绝缘成为国内外学者和电缆生产、使用部门普遍关注的热点。

**1. 非线性绝缘材料的关键问题**

开发同时具有非线性电导和非线性介电特性的复合材料是未来非线性绝缘材料研究的关键问题之一。目前，电力系统中仍然以交流系统设备为主，交流设备在正常工作电压下不均匀电场分布及由此导致的电晕放电等现象广泛存在，因此，泄漏电流和介质损耗等问题仍然不容忽视。对于交流系统中绝缘介质上由外加电压导致的不均匀电场，可以通过以非线性介电特性为主导因素改善电场分布的方式，避免大的泄漏电流和介质损耗；同时，复合材料具有的非线性电导特性也能对空间电荷积累产生有效的消散作用，避免因其导致的局部电场集中。

同时，目前非线性绝缘材料的主要制备技术是通过向基体材料中掺入纳米尺寸的无机材料来实现其非线性功能。然而，目前国内外学者在纳米复合电介质抑制空间电荷特性、多场耦合作用下纳米粒子对基体材料的击穿强度、电场分布等特性的研究结果仅能定性解释部分实验结果，还无法阐明界面效应如何影响纳米复合电介质的宏观材料参数与空间电荷输运过程，以及由此导致的材料老化、退化、击穿等一系列重要的机理问题。因此，迫切需要从纳米复合材料的基础理论层面开展深入研究，揭示纳米颗粒与绝缘材料的界面特性及界面模型，为进一步调控绝缘材料的电场特性等提供理论支撑。此外，到目前为止，非线性绝缘材料的实际商业应用领域主要集中在中压电缆终端、电动机和发电机内部绝缘等产品，尚未进一步拓展到更高电压等级、更广泛应用类型的电力绝缘设备或部件上。对于直流塑料电缆而言，如何调控电缆绝缘的非线性介电及非线性电导特性来实现对电缆绝缘电场分布的控制也是迫切需要解决的关键问题。

**2. 非线性绝缘材料的发展趋势**

在绝缘电力电缆的绝缘结构中添加非线性绝缘材料层，有助于均化电缆绝缘结构中的电场分布，提高其耐电树枝能力，增加电缆的绝缘利用率，延长电缆的使用寿命，提高其运行可靠性，同时也为高压电缆绝缘层厚度的减薄提供了技术途径。

添加非线性屏障层的新型电缆可能降低对绝缘材料的性能要求，减小开发特高压用绝缘材料的技术难度。

## 3.5.2　自愈合绝缘材料

自愈合是人们模仿生物体损伤愈合的概念，解决材料损伤，延长材料使用寿命的新方法。采用自愈合技术的智能绝缘材料能够有效提高绝缘设备的运行稳定性及使用寿命。图 3-3 和图 3-4 所示为微胶囊法和本征自愈合法的愈合机理，表 3-5 则详细介绍了自愈合绝缘材料的修复机理。

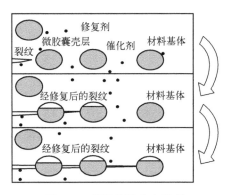

图 3-3　微胶囊法愈合机理

图 3-4　本征自愈合法愈合机理

表 3-5　自愈合绝缘材料的修复机理

| 修复机理 | 方法介绍 | 优　点 |
|---|---|---|
| 加入自愈合剂修复 | 微胶囊法：通过填充在聚合物基体内的微胶囊破裂释放出自愈合剂或催化剂的方式完成 | 快速响应性，并实现裂纹的迅速愈合 |
| | 液芯纤维法：在基体材料中嵌入空芯纤维，纤维中装载修复剂 | 可以装载更多的修复剂 |
| 不加自愈合剂本征修复 | 利用材料中存在的可逆化学反应来实现材料的自修复功能，在材料断裂后，通过热处理，使可逆化学键打开，然后重新生成，达到自愈合的目的 | 可多次重复进行 |

伴随着自愈合绝缘材料的发展，针对目前电网中绝缘设备中绝缘材料存在的一旦投入使用就很难其修复或修复成本较高的情况，此类材料能够表现出其特殊的优势。更有望解决传统方法无法解决的技术难题，在一些重要工程和尖端技术领域具有巨大的发展前景和应用价值。一旦能够实现绝缘材料的自愈合，对延长绝缘设备的使用寿命、维护电网的安全和稳定运行有着深远的意义。

**1. 自愈合绝缘材料存在的关键问题**

（1）只能单次修复

对于采用修复剂来实现自愈合功能的材料而言，微胶囊法存在由于催化剂和微胶囊的结合会导致原始层间韧性降低的问题，并且微胶囊包裹的修复剂有限，只能进行单次修复。

（2）自修复效率较低

液芯纤维法尽管修复效率很高，但其自修复效率也要受到以下因素的影响：其一，液芯纤维管与基材的性能匹配情况；其二，修复剂的多少直接决定了修复效率，液芯纤维数量过少会导致修复不彻底，多了又可能影响材料的原有性能。

**2. 自愈合绝缘材料的发展趋势**

为了解决自愈合绝缘材料只能单次修复和自修复效率较低的问题，研究人员设计了一种相互连接串联网络结构材料，即模仿人体皮肤内血管的三维网络结构，将含修复剂的三维毛细管网络填埋在基体内部，使基体裂纹能够重复自愈合，这为持续提供修复剂自愈合提供了一个很好的方法。此方法具有强大的应用潜力，与微胶囊法以及液芯纤维法相比，基体内的三维网络结构能够对材料本身起到强韧的作用，并且毛细管内源源不断的修复剂能够起到对材料多次修复的作用，这将使毛细管网络结构成为该领域未来的研究热点。对于自愈合绝缘材料而言，在基体材料内部添加额外的纤维通道及修复剂，其对材料本身绝缘特性的影响，也是未来研究中必须关注及解决的关键问题。

## 3.6 本章小结

材料作为电工技术的重要物质基础，其发展一直是促进电工技术进步的根本动力之一。纵观电工技术 100 多年来的发展历史，最为显著的进步原动力均来自新材料技术的进步。新材料技术的进步将为发电、输电、储能、能量转换、传感测量、保护等新型装备的研发提供坚实的基础，这些新型装备的发展将为高安全性、高可靠性、高效率、绿色经济和可持续智能电网的建设及其与能源网的融合提供重要的保障。

1）面向当前解决新能源消纳和提高能源利用效率的需求，需进一步探索超导材料、新型导电材料、储能材料的突破及其在能源装备中的应用，如超导限流器、超导储能、低成本高能量密度储能材料与装置。

2）先进电工磁性材料的探索和制备可极大推动电工装备的持续发展和新装备的研制，提升电网智能电力设备和传感器的性能。

3）宽禁带半导体材料适用于高温、高频、抗辐射及大功率电力电子器件的制作。SiC 和 GaN 较为成熟，而 ZnO、AlN 和金刚石等第三代半导体材料是技术发展的方向。

4）未来基于仿生学的智能材料应用于能源系统将为能源系统带来颠覆，具有生物自愈特性的智能一次设备、传感器、电力电子与储能装备技术的突破将会呈现出不一样的能源系统。

## 参考文献

[1] 肖立业. 超导技术在未来电网中的应用 [J]. 科学通报, 2015(25): 2367-2375.

[2] 马衍伟. 实用化超导材料研究进展与展望 [J]. 物理, 2015, 44(10): 674-683.

[3] 杨松. 高温超导电枢绕组交流损耗的基础研究 [D]. 哈尔滨: 哈尔滨工业大学, 2010.

[4] 邵惠明, 周廉, 张平祥, 等. 装管密度对 Bi-2223/Ag 超导带材性能的影响 [J]. 稀有金属材料与工程, 2003, 32(10): 832-835.

[5] 郭建刚, 金士锋, 王刚, 等. 新型铁基超导体材料的研究进展 [J]. 物理,

2011, 40(8): 510-515.

[6] 李家瑶. 脉冲电沉积纳米晶 Co-Ni 合金相变及纳米孪晶形成机制研究 [D]. 上海: 上海交通大学, 2015.

[7] 黄改燕. 碳纳米管热学性质和电学性质的测试及应用 [D]. 上海: 上海交通大学, 2008.

[8] 陈文亮, 黄春平, 柯黎明. 碳纳米管增强铜基复合材料的研究进展 [J]. 机械工程材料, 2012, 36(6): 5-8.

[9] Bakir M, Jasiuk I. Novel metal-carbon nanomaterials: A review on covetics [J]. Advanced Materials Letters, 2017, 8(9): 884-890.

[10] 黄海威. 梯度纳米结构不锈钢材料的制备及疲劳机制研究 [D]. 北京: 中国科学院大学, 2014.

[11] 冯彩梅, 张晓虎, 陈永翀, 等. 新型电化学储能技术: 半固态锂电池 [J]. 科技通报, 2017, 33(8): 19-26.

[12] 胡毅, 陈轩恕, 杜砚, 等. 超级电容器的应用与发展 [J]. 电力设备, 2008, 9(1): 19-22.

[13] 国外废旧电池回收行情 [J]. 中国铅锌锡锑, 2010(12): 59.

[14] 王静. 废旧干电池的回收及综合利用技术 [J]. 科技资讯, 2012 (23): 112.

[15] 杨庆新, 李永建. 先进电工磁性材料特性与应用发展研究综述 [J]. 电工技术学报, 2016, 31(20): 1-12.

[16] 冯娟, 刘俊成. 非晶合金的制备方法 [J]. 铸造技术, 2009, 30(4): 486-488.

[17] 孟南. 高 Bs 的 FeSiBPCu 纳米晶合金 [J]. 金属材料研究, 2010(4): 59.

[18] 盛况, 郭清, 张军明, 等. 碳化硅电力电子器件在电力系统的应用展望[J]. 中国电机工程学报, 2012, 32(30): 1-7.

[19] 徐慧铭. 碳化硅单晶材料发展现状 [J]. 工程技术: 全文版, 2016(11): 316-317.

[20] 柯志华. 半导体可靠性技术现状与展望 [J]. 工业 B, 2015(47): 84.

[21] 秦海鸿, 董耀文, 张英, 等. GaN 功率器件及其应用现状与发展 [J]. 上海电机学院学报, 2016, 19(4): 187-196.

[22] 韩栋梁. 高温化学气相沉积法生长碳化硅晶体 (HTCVD) [J]. 图书情报

导刊, 2009, 19(4): 170-172.

[23] Kordina O, Hallin C, Ellison A, et al. High temperature chemical vapor deposition of SiC [J]. Applied Physics Letters, 1996(69): 1456-1458.

[24] 王正乾. LEC 法砷化镓晶体生长中熔体流动与传热传质数值模拟 [D]. 重庆: 重庆大学, 2009.

[25] Cherednichenko D I, Khlebnikov Y I, Khlebnikov I I, et al. Dislocation as a source of micropipe development in the growth of silicon carbide [J]. Journal of Applied Physics, 2001(89): 4139-4141.

# 第4章 信息通信支撑技术

信息技术是推进能源系统信息层基础建设的关键支撑技术，是智能电网与能源网不同融合模式形成的技术约束。通信质量和信息安全是信息技术发展的两个重要方向。随着光纤技术的发现和态势感知技术研究的不断成熟，未来信息系统可借助于全光纤网络的能源系统态势感知技术实现通信质量的进一步升级；同时，互联网技术正不断渗透到能源系统，这也给信息的处理方式和交互方式带来了新的一面。而随着信息系统复杂程度的增大和信息安全需求的凸显，未来智能电网与能源网的融合需要信息安全体系进行进一步的变革。本章将针对以上问题进行论述。

## 4.1 促进透明电网的信息感知技术

### 4.1.1 芯片级传感技术

传感芯片是一类综合了芯片和传感器优点的新型芯片，其在保持传统芯片高通量、可寻址和并行处理等特点的基础上，与传感器技术相结合，进一步提高了芯片检测的灵敏度和特异性。常见的传感芯片主要有光纤传感芯片、表面等离子体共振传感芯片、热传感芯片和压电晶体传感芯片等，可用于智能电网和能源互联网融合网各环节的状态参数检测和信号感知。

20世纪90年代至今，随着信息技术的迅速发展，传感器的研究速度、规模和种类令人瞩目，成为现代信息技术的重要领域之一。多功能传感芯片的出现，把芯片和传感器两种技术有机地结合在一起。在传感芯片中，芯片分析实际上也就是传感器分析的组合，芯片点阵中的每一个单元都是一个传感器的探头，传感器技术被应用于芯片的发展；同时，阵列检测可以大大提高检测效率，减少工作量，增加可比性，促进芯片和传感器两项技术的共同发展[1]。传感芯片的常见类型如下：

（1）光纤传感器芯片

光纤传感器芯片的基本原理是将探针标记物经生化反应产生的特征光学信号（荧光、颜色变化等）通过光纤探头传递至光检测器，经光电转换，进而测定出感知参数。其特点为检测特征光信号选择性强，易于排除过程中非特异性吸附的干扰，测定准确；因不采用放射性同位素标记探针，安全性好。不足之处在于选择的发光反应信号较弱，检测灵敏度低，有待完善[2]。

（2）表面等离子体共振传感芯片

基于表面等离子体共振（Surface Plasmon Resonance，SPR）的 SPR 传感芯片的基本原理：将某种分子结合在金属膜表面，使金属膜与溶液界面的折射率上升，从而导致共振角度改变。如果固定入射光角度，就能根据共振角的改变程度对互补进行定量。与纳米技术等先进技术的联合应用，使 SPR 技术被广泛用来研究生物分子之间相互作用的反应动力学、结合位点和反应物浓度等信息，其优越性是常规分析技术所无法比拟的[3]。

（3）热传感芯片

热传感芯片是在热传感器基础上建立起来的。这种传感芯片将量热的广泛适用性和酶学反应的专一性等结合，适用于大多数样品的分析，不受光、电化学物质等干扰因素的影响，且引入参比部件，外界对测量结果的影响很小。随着各种性能优越的新型热传感器问世，近年来热传感芯片正越来越广泛地应用于环境监测、食品卫生和工业过程监测等方面[4]。

（4）压电晶体传感芯片

压电晶体传感芯片的基本原理：先将探针固定于压电晶体表面，通过频率-毫伏变换测出增加物质的量。该方法的优点与 SPR 传感芯片类似，能实时监测，且成本远比 SPR 传感芯片低。其不足之处是难以排除非特异性吸附的干扰，检测灵敏度还需进一步提高[5]。

（5）磁致阻抗传感芯片

致阻抗传感器芯片是一类较新的传感器芯片。磁致阻抗传感器芯片将生物分子之间的相互结合力、磁性微球、抗磁计算机记忆技术结合起来，可制备成具有上百万转换器的传感器芯片，因而可以测定和筛选成千上万的分析对象。这种装置由抗磁传感器芯片、流通池和电磁装置构成，可将探针直接固定于传感器表面，信号强度与位置显示样品浓度与特性。可同时测定多个分析对象。另外，通过检测修饰层与环境相互作用时共振频率和阻尼因子变化而完成测定的微组装聚合物薄膜修饰的硅共振传感芯片，已用于化学战剂及其模拟物的测定[6]。

（6）电化学传感芯片

电化学传感芯片是近几年迅速发展起来的，是基于电化学传感器的一种全新传感芯片，已有将该技术用于检测 pH 值、温度、氧含量和其他生物量浓度等的报道。随着技术的发展，电化学传感芯片的应用日益广泛，但其稳定性、重现性和灵敏度等都还有待提高[7]。

## 4.1.2　芯片化保护控制技术

芯片化保护技术是一种以单个高性能芯片取代多板卡，高度集成保护功能、管理功能、通信功能，实现信号采集、转换、存储、处理等功能的新一代数字化保护技术。借助该技术研发的保护装置具有小型化、低功耗、高防护、高可靠性等特点，可满足智能电网保护装置户外就地无防护的需求。

**1. 芯片化保护关键技术指标及发展过程**

芯片化保护装置采用单芯片代替多芯片，单板卡代替多板卡，实现了多业务口合一，有效减少了装置体积、重量、元器件及端子接线数量。装置尺寸为 120 mm×100 mm×50 mm，为现有装置体积的 1/40；整体重量约为 1.5 kg，为现有装置重量的 1/10；元器件数量约为 700 个，为现有装置的 1/10。装置以基于通信速率为 8 Gbit/s 的 ACP 数据通信方式替代传统的总线传输方式，相比常规数字化保护装置，整组动作时间缩短 5 ms。装置实现了多业务口合一，具备 IP67 的防护等级，具有较强的抗电磁干扰能力，可稳定工作于-40~70°C 的温度范围，可就地无防护安装于一次设备旁边。随着智能化变电站建设的加速推广，二次设备面临的复杂性、可靠性、安全性问题日益突出，长寿命、低成本、简单运维的需求日益迫切，通过芯片化保护技术简化保护装置接口和提高装置防护等级，实现装置就地无防护安装具有较大的技术经济效益，推广应用芯片化保护装置有重要的现实意义。

**2. 芯片化保护技术的国内外研发和应用情况**

电力保护控制设备芯片化装置的研究，国内外尚未有报道，但是提高系统集成度已经成为电子行业发展的技术路线。ABB、西门子、GE 等公司采用 4U 或者 6U 标准插箱架构设计，装置内部采用多 CPU 插件方案。SEL 公司的保护装置采用横板卡设计方式，板卡数量较少，但也采用多 CPU 方案，集成度虽有所提升，但仍无法达到单芯片实现保护测控功能的程度。国内主流的二次设备厂家（如南瑞继保、国电南自、许继电器和长远深瑞等）目前也仍然采用多板卡、多 CPU 的设计理念。南方电网科学研究院于 2014 年年初启动课题"芯片化保护关键技术研究与应用"，研制了 110 kV 芯片化线路保护装置 POC-161 和 110 kV 芯片化变压器保护装置 POC-326 等两类装置，并于 2015 年 5 月通过了国家继电保护及自动化设备质量监督检验中心的检测，随后，装置进入试运行阶段，分别于 2015 年 12 月、2016 年 1 月在广东电网佛山供电局 110 kV 瑞颜变电站、广西电网钦州供电局 220 kV 排岭变电站建成投运，装置运行期间经历了高温、高湿和强电磁干扰等复杂工况，据统计，共经历了 28 次区外故障扰动情况，均未出现误动、拒动以及误告警现象，表现出良好的稳定性能，保证了变电站的安全稳定运行。

**3. 芯片化保护装置产生的经济效益**

芯片化保护装置产生的经济效益主要体现在装置生产成本、装置调试成本、运维成本和变电站建设成本 4 个方面：①在装置生产成本方面，芯片化保护装置体积缩减为现有装置体积的 1/40，重量为现有装置重量的 1/10，元器件数量约为现有装置的 1/10，这将有效缩短装置的生产和组装环节，提高装置的生产效率，减少生产人力的投入（芯片化装置批量生产成本在 1 万元左右，相对常规数字化保护装置减少了 1/3 的成本）；②在装置的调试成本方面，相比于常规数字化保护装置需要对多板卡逐一调试、升级和配置的烦琐及不直观的调试方式，芯片化保护装置采用单芯片、单板卡模式，调试运维只需针对单一板卡即可，通过装置配套调试工具可实现一键下载程序、配置，过程简单，无须反复操作，有效缩短 20% 的调试周期；③在装置的运维成本方面，芯片化保护装置的通信接口采用标准化航空端子，实现了通信接口标准化，可实现以换代修的运维模式，大大减少了因保护装置故障而导致的线路停电时间，减少了运维和检修人员的工作量，实现了装置运维模式的升级；④在变电站建设成本方面，芯片化保护装置实现了多业务口合一，具备 IP67 的防护等级，具有较强的抗电磁干扰能力，可工作于 -40~70℃ 的温度范围，可就地无防护安装于一次设备旁边，减少了二次屏柜数量，有效减少继保小室、预制仓、智能户外柜等的占地面积，减少变电站建设征地的费用支出及执行难度。

**4. 芯片化保护技术的应用目标与原则**

芯片化保护作为新一代数字化保护装置，可应用于所有电压等级的数字化变电站，可安装于常规二次室屏柜中，也可就地无防护安装，其不仅在可靠性、安全性等方面具有较大提升，技术经济优势也尤其突出：减少了装置购置成本；降低了变电站整体占地面积，减小了变电站建设成本；降低了装置安装、调试和运维过程中的人力成本。

## 4.1.3　光纤传感网络技术

光纤传感技术作为当今世界迅猛发展起来的技术之一，已经成为衡量一个国家科学技术水平发展的重要标志[8]。近几年来，全球传感器的产量年增长率保持在10%以上，几乎在各个领域得到了研究与应用。全光纤传感器网络在能源网中的运用，促进了能源系统态势感知技术的发展，推进了终端能源系统信息感知处理的快速化、智能化和网络化，使能源互联网的建设成为现实。

电力设备中的各种状态信息，尤其是电流强度和温度的监测对于电力系统中设备安全运行有着重要的意义。但传统安装于变压器壳体外部的超声局放传感器存在信号衰减和传输多路径问题，局放源反演和定位存在困难。基于F-P的全光超声传感器具有电气绝缘和免受电磁干扰的特点，可以直接安装在变压器等高压设备内部，可大幅度提高局放定位的精度。在电力行业中，光声光谱技术已经成功应用于变压器油中溶解气体分析（DGA）领域，并得到广泛的关注。光声光谱技术具有灵敏度高和稳定性好等优点，同时避免了现有的色谱检测装置需要定期置换载气和色谱柱的缺点，被广泛应用于工业生产和资源环境领域中微量气体的监测。光声光谱技术可全面地测定气体分解物的重要组分，具备检测精度高的特点，具有广阔的应用前景。

全光纤电流互感器可以实现对高压电网的电流强度及相位等状态参量进行实时监测，美英等国早在20世纪六七十年代就已经挂网运行，而我国也在2000年左右开始在国内电网上试运行，并在上海嘉定等变电站投入了示范应用；荧光型光纤温度传感器和分布式光纤温度传感器近年来在电力行业中也得到了认可，并在关键点温度测量和长距离电缆温度测量中发挥了重要作用。利用基于全光纤网络的能源系统态势感知技术与信息通信技术等，实现海量数据环境下能源网络的互联互通，是发展能源物联网的重要基础。

## 4.1.4　泛在网络技术

泛在网络是信息通信网络演进的方向。泛在网络利用网络技术，实现人与人、人与物、物与物之间按需进行信息获取、传递、存储、认知、决策和使用等服务，网络将具有超强的环境、内容、文化、语言感知能力及智能性。泛在网络包含电信网、互联网以及融合各种业务的下一代网络，并涵盖各种有线无线宽带接入、传感器网络和射频标签技术（RFID）等。许多国家都从长远发展角度提出了泛在服务概念和相应的国家战略，本节结合信息社会战略阐述泛在网的内涵、关键技术和新型的服务[9]。

泛在网络来源于拉丁语 Ubiquitous，即广泛存在、无所不在的网络。也就是人置身于无所不在的网络之中，实现人在任何时间、地点，使用任何网络与任何人与物的信息交换，基于个人和社会的需求，利用现有网络技术和新的网络技术，为个人和社会提供泛在的、无所不含的信息服务和应用。泛在网络涉及的关键技术如下：

（1）上下文感知计算

在泛在网络环境中，人会连续不断地与不同的计算设备进行隐性交互，这时需要系统能感知在当时的情景中与交互任务有关的上下文，并据此做出决策和自动提供相应的服务。因此，上下文感知计算是实现泛在网络环境中新型人机交互的基础，已经成为泛在网络研究的一个热点。上下文感知计算是指系统能发现并有效利用上下文信息（如用户位置、时间、环境参数、邻近的设备和人员和用户活动等）进行计算的一种计算模式。上下文感知计算中涉及的主要问题如下：

1）对上下文概念的理解。上下文是环境本身以及环境中各实体所明示或隐含的、可用于描述其状态（含历史状态）的任何信息。其中，实体既可以是人、地点等物理实体，也可以是诸如软件、程序、网络连接等虚拟实体。上下文分为 3 类：计算上下文（如网络带宽等资源）；用户上下文（如用户位置等）；物理上下文（如光线程度、温度等）。

2）上下文获取。当前的上下文信息可从以下几种方式或来源获取：各种传感器，如温度、压力、光线、声音、图像等；已有的信息，如日期、日程表、天气预报等；用户直接设定等。低层的上下文通常是从传感器直接得到的，高层上下文的获取则根据低层上下文，并结合先验知识通过推理或融合得到。

3）上下文建模。对于各种上下文，由于它们的特性不同，所以就有各种不同的表达和模型。当前几乎所有的系统都采用自己的方法来建立上下文信息的模型。

4）上下文推理。系统中的所有上下文信息构成上下文知识库，从传感器获取的上下文信息大部分仅仅反映了用户物理、生理或者其他低层次的计算状态。所以，要得到需要的高层上下文信息，必须对上下文信息进行推理。当前上下文感知系统采用的推理技术主要有 2 种：基于规则的逻辑推理和基于机器学习的推理。

（2）自然人机交互

泛在网络使得网络空间、信息空间和人们生活的物理空间融合成一个整体，与此相应的人机接口也将随之扩展到人们生活工作的整个三维物理空间。这就迫切需要一种和谐、自然的人机交互方式，即能利用人的日常技能进行交互且具有意图感知能力，与传统的人机交互方式相比，它更强调交互方式的自然性、人机关系的和谐性、交互途径的隐含性以及感知通道的多样性。它的目标是使人与计算环境的交互变得和人与人之间的交互一样自然、一样方便。人类信息传递的主要渠道为文字、语言和图像。对应地，通过纸笔交互模式、语音以及视觉进行人与计算设备之间和谐交互正成为最有潜力的自然人机交互方式，这也是当前国际上的研究热点。笔式交互可帮助人们进行快速且自然的信息交流与沟通，而在日常生活中，更多的是听觉信息与视觉信息，它们同时可使人们获得更加强烈的存在感和真实感。

（3）传感器网络（Sensor Network）

传感器网络是由使用传感器的器件组成的、在空间上呈分布式的无线自治网络，它常用来感知环境参数，如温度、震动等。和互联网一样，传感器网络最早是从军队的应用环境演化而来的，目前也应用在很多民用领域。

（4）近程通信和 RFID

近程通信（Near Field Communication，NFC）是新兴的短距离连接技术，从很多无接触式的认证和互联技术演化而来，RFID 是其中一个重要技术。当产品嵌入 NFC 技术时，将大大简化很多消费电子设备的使用过程，帮助客户快速连接，分享或传输数据，给客户带来很多简便性。近程通信技术工作在 13.5 MHz，以 424 KB/s 交换数据，当 2 个 NFC 兼容的物品接近到 40 cm 时就可以进行数据传输，可读可写。NFC 技术与很多现有的技术兼容，如蓝牙技术和无线局域网技术。此外，近程通信也遵从 ISO、ECMA 和 ETSI 等国际标准。

（5）M2M（Machine to Machine）

M2M 一般认为是机器到机器的无线数据传输，有时也包括人对机器和机器对人的数据传输。有多种技术支持 M2M 网络中的终端之间的传输协议。目前主要有 IEEE 802.11a/b/g WLAN 和 Zigbee。二者都工作在 2.4GHz 的自主频段，在 M2M 的通信方面各有优势。采用 WLAN 方式的传输，容易得到较高的数据速率，也容易得到现有计算机网络的支持，但采用 Zigbee 协议的终端更容易在恶劣的环境下完成任务。M2M 的连接数量在过去的几年内已经取得大规模的增长。M2M 的应用主要有以下几类：

1）Telemetry（远程测量）。这是 M2M 最典型的应用，其中，利用 M2M 技术和网络对电力和煤气等公共能源进行管理，可取得好的节能效果。Telemetry 终端设备可显示消费量信息、能源输出通知、故障明细，接收/控制端显示定价信息、远程配置。

2）Public Traffic Services（公共交通服务）。主要包括交通信息、电子收费（高速公路收费站）、道路使用管理、超速拍照、变更交通信号等。

3）Telematics/In-vehicle（远程信息处理/车内应用）。包括行驶导航、行驶安全、车辆状况诊断、定位服务、交通信息。

4）Security&Surveillance（安全监督）。包括远程登录、移动控制、监控摄像头、财产监视、环境与天气监控。

5）Home Applications（家庭应用）。包括电气设备控制、门锁管理系统、加热系统控制等。

6）Telemedicine（遥测、电话、电视等手段求诊的医学应用）。包括病人远程问诊、远程诊断、设备状况跟踪、职员安排。

7）Fleet Management（针对车队、舰船的快速管理）。包括货物跟踪、路线规划、调度管理。

## 4.1.5　感知信息技术的发展方向

当前，以移动互联网、物联网、云计算、大数据和人工智能等为代表的信息技术正在加速创新、融合和普及应用，一个万物互联的智能化时代正在到来。感知信息技术以传感器为核心，结合射频、功率、微处理器、微能源等技术，是未来实现万物互联基础性、决定性的核心技术之一。尤其是感知信息技术不同于传统的计算和通信技术，无须遵循投资巨大、风险极高、已接近物理极限的传统半导体的"摩尔定律"，而是在成熟半导体工艺上的多元微技术融合创新，即"More than Moore"（"超越摩尔"）[10]。

　　PC 时期 Wintel 联盟垄断了整整 20 年，移动互联网时期 ARM+安卓又形成了新一轮垄断。在如今的感知时代，"超越摩尔"是我国一个打破垄断束缚的难得历史机遇，有很大可能在未来智能时代实现赶超发展，抢占产业竞争制高点。

　　信息技术从计算时代、通信时代发展到今天的感知时代经历了 3 个浪潮：PC 的普及产生了互联网，智能手机的普及形成了移动互联网，今天传感器的普及将促成物联网。Gartner2014 技术趋势报告显示，未来 5~10 年，物联网技术将达到实质生产高峰期，截至 2020 年，将有 260 亿台设备被装入物联网，这将引领信息技术迈向智能时代——计算、通信、感知等信息技术深度融合的万物互联时代。一个感知无所不在、连接无所不在、数据无所不在、计算无所不在的万联网生态系统，将全面覆盖可穿戴、机器人、工业 4.0、智能家居、智能医疗、智慧城市、智慧农业、智慧交通等。如果把整个智能社会比作人体，感知信息技术则扮演着五官和神经的角色。

　　感知信息技术是未来智能时代的重要基础。智能时代，物联网和传感器会遍布在生活和生产的各个角落。据《经济学人》预测，到 2025 年城市地区每 4 $m^2$ 就会有一个智能设备。智能电网、智能城市、智能医院、智能交通等将依靠传感器实现万物互联并自动做出决策；智能制造通过在传统工厂管理环节和生产制造设备之间部署以传感器为代表的一系列感知信息技术以实现自动化、信息化和智能化。一直以来，美国、德国、日本等国都非常重视感知信息技术的发展。美国早在 1991 年就将传感器与信号处理、传感器材料和制作工艺上升为国家关键技术予以扶持，近年来更是每年投入数十亿美元用于传感器基础项目研究。

　　感知信息技术领域将催生万亿级的市场。感知信息技术领域涉及材料、传感器设备、控制系统以及其上承载的数据增值开发和信息服务。智能手机和可穿戴设备的广泛普及应用，使传感器设备需求增势迅猛，而无所不在的传感器也将引发未来大规模数据爆炸，到 2020 年，来自传感器的数据将占全部数据的一半以上。大数据的充分利用和挖掘，还将不断催生新应用和新服务。预计到 2020 年，相关的物联网产品与服务供应商将实现超过 3000 亿美元的增值营收，并且主要集中在服务领域。

　　发展安全可控的感知信息技术有利于保障国家经济社会安全。我国是网络大国，却不是网络强国，无论是芯片、操作系统，还是应用系统，受制于人的局面依然严峻。未来，在万物互联生态系统中，从联网复杂程度和产生的数据量来预计，这个网络将比现在移动互联网大 10 倍，安全隐患也会更多、更复杂，涉及经济社会的方方面面。因此，发展自主可控的感知信息技术，实现数据感知、收集和处理等最为基础处理层面的可靠性，对保障国家经济社会安全至关重要。

## 4.2　适应分布式处理的信息处理技术

### 4.2.1　云计算技术

云计算技术可以分为支撑信息化建设的虚拟化应用技术研究和企业云平台应用关键技术研究两个部分[11]。

**1. 虚拟化应用技术研究**

虚拟化技术是云计算落地生根最基础的技术之一，也是实现企业信息资源池化最重要的手段；企业实现信息资源池化，建立一整套标准化、智能化、统一、快捷、方便的信息处理方法与流程，使企业员工能以此平台进行高效、快捷的生产活动，达到智能电网总要求的目标。其支撑技术如下：

（1）网络虚拟化技术研究

网络虚拟化实现了存储交换网络、高性能计算网络及传统数据局域网网络功能最大化的资源整合，形成了独具特色的数据中心网络平台，实现了高效率利用硬件资源、减少总硬件投入和节约维护管理成本等，为国家节能减排的目标做出贡献。网络虚拟化建设，提高了电网数据中心建设的科技含量，提高了工作人员的效率，节能减排、绿色环保，降低了管理成本和维护成本，提高了企业的核心竞争力，保障了电力业务数据的安全，实现了国有资产利用的最大化。

（2）服务器资源池化技术研究

采用服务器虚拟化技术，建立数据中心服务器资源池，实现所有应用系统运行于服务器资源池之上，避免物理服务器的运算及故障瓶颈，达到高效、节能、统一的服务器资源池化目标。

（3）存储资源池化技术研究

采用存储虚拟化技术，实现数据存储的统一性，使数据存放于存储池中，用户无须关注存储的具体位置，存储池高可用性及可靠性保证数据的绝对安全，并且将企业数据分类存储（热点数据存放于快盘，温点数据存放于普盘，历史数据存放于慢盘，归档数据存放于带库），实现企业数据存储管理的资源池化。

（4）终端资源池化技术研究

采用终端管理软件、移动终端管理软件及移动应用管理软件，实现统一终端管理，建立标准化、统一化远程管理的终端资源管理池。

（5）应用客户端资源池化技术研究

利用上述各种资源池化，最终建立应用客户端资源池，形成企业应用商店，使企业员工能方便快捷地通过各种终端使用企业的各类应用系统，无须 IT 运维人员过多参与。

（6）管理平台资池化技术研究

采用统一资源池管理平台及 ITIL 等运维管理工具，建立专业性高，运维统一、规范的企业信息化管理平台。

（7）业务系统资源池化技术研究

采用 ADC 应用交付控制技术，结合上述资源池，建立业务系统的资源池，保证业务系统的高可用性及可靠性，实现业务生活费统资源池化。

**2. 企业云平台应用关键技术研究**

企业云平台的建设需进一步深入研究关键技术及应用场景、提出相关的技术解决方案，在适当前提下，对云计算重点应用场景进行技术试验及实现。其支撑技术有：

（1）IaaS 平台技术研究

1）IaaS 层联动平台。PaaS 平台向下根据业务能力需要测算基础服务能力，通过 IaaS 提供的 API 调用硬件资源，并将这些资源通过 API 开放给 SaaS 层。PaaS 平台的建设为 IaaS 层提供更为深入的管控和整合，形成与 IaaS 层的联动。

2）IaaS 平台自动化、智能化管理技术。主要包括云服务管理平台与多系统集成接口和技术、复杂自动化申请流程实现、应用系统自愈式场景识别、自愈流程技术实现、基础架构资源池化等研究内容。

（2）PaaS 平台技术研究

1）PaaS 基础平台服务。PaaS 平台提供的是一个基础平台，平台向外提供应用运行的平台，作为应用系统部署的基础，同时平台提供高效的服务总线，通过总线可实现个业务服务间的聚合。

2）PaaS 公共业务服务。PaaS 平台不仅仅是单纯的基础平台，而且包括针对该平台的公共业务服务，业务系统在开发过程中往往存在重复组件，这些组件可以形成公共的业务服务，下沉至 PaaS 平台中，由 PaaS 平台提供统一标准的服务，也是保证应用系统在服务化过程中形成更加独立的应用，从而能够更加专注于业务本身，而不是服务间的逻辑关系。

3）PaaS 通用技术平台。PaaS 平台通过提供分布式事物锁、平行计算、静态资源服务、通用消息队列等技术服务，使得平台能够支持云计算下运用较为广泛的分布式应用、分布式数据库、动静态资源分离等技术。

4）PaaS 开发平台。在 PaaS 平台下进行应用服务化开发的开发平台，提供统一的开发框架，以及标准的开发规范。

5）PaaS 技术体系研究。主要包括数据库和中间件资源池支撑，应用的部署，资源申请和自服务，云上可编程的开发环境和共享应用资源库等研究内容。

（3）SaaS 平台技术研究

SaaS 平台技术研究主要包括 SaaS 的技术体系和服务体系、企业协助云、应用虚拟化、Office Web Apps 应用等研究内容。

（4）业务应用云平台研究

1）混合云应用技术研究。主要包括混合云应用场景、公有云及私有云接口技术、混合云下应用部署及迁移、基于混合云的应用容灾等方面的研究。

2）云计算大数据技术支持研究。包括分布式数据库技术、内存数据库技术、数据库及服务技术、数据库云技术、HDFS 与云计算技术结合等研究内容。

3）云存储技术研究。包括云存储体系架构、存储虚拟化技术、分布式文件系统、多设备访问技术、数据同步技术、信息搜索技术等研究内容。

4）云计算数据中心容灾技术研究。包括分布式云服务数据中心架构、跨数据中心容灾技术、虚拟化复制技术、存储虚拟化技术、云计算数据中心灾难恢复流程等研究内容。

5）云计算安全技术研究。包括用户授权与管理技术、病毒和恶意代码防御技术、基础设施隔离技术、多应用系统隔离技术、纵深安全保护体系、系统监管和合规管理、数据安全保护技术等研究内容。

6）业务服务管理。业务服务部署 PaaS 平台之上，PaaS 平台即可对业务服务进行全生命周期管理，包括服务的注册和接入、服务的申请和使用、服务的开通、服务的运行、服务的监控等。

7）硬件资源管理。IaaS 层将资源提供给 PaaS 平台之后，PaaS 平台对所提供的资源也实现全生命周期的管理，包括资源的申请，资源的创建，资源的分配，资源的动态调度和调整，资源的回收。这些是实现资源池弹性的基础，也是实现自服务的基础。

## 4.2.2　大数据应用技术

大数据应用技术可以分为大数据平台下的智能电网业务应用研究、基于海量信息挖掘技术的分析与决策支持研究和绿色数据中心管理体系与关键技术研究 3 个方面[12]。

**1. 智能电网业务应用研究**

智能电网业务应用研究是利用目前较为成熟和广为业界接受使用的大数据存储和计算技术与平台，替代现有的传统数据存储管理和计算平台，研究开发相应的关键技术和系统，进而研究开发基于大数据平台的新型业务应用解决方案，全面实现业务系统和分析系统的升级换代。其支撑技术如下：

1）研究设计基于大数据技术的数据质量监控系统解决方案。包括硬件平台设计、软件平台选择和设计、数据存储管理方案、数据校验和分析统计并行化计算方案，并构建系统开发环境和平台。

2）研究基于大数据技术的数据质量监控系统及数据存储管理技术、实时/准实时数据质量校验并行化处理算法、数据流分析挖掘算法及数据分析统计并行化计算技术。

3）研究基于不完善数据的大数据处理平台。采用高效处理技术应对缺失值数据（Missing Values）、噪声数据（Noisy Data）、偏见数据（Bias Data）、分布不均数据（Imbalanced-distributed Data）、概念偏移数据（Concept-drift Data）等常见的不完善大数据。

4）选取营配数据质量指标的低压用户一致性率作为本次研究的示范应用目标，设计并编程实现基于大数据技术的数据质量监控示范系统，实现实时/准实时数据质量校验、数据指标计算与结果查询、数据快报生成与浏览、演示性消息发布功能，并进行系统演示和测试运行。

**2. 基于海量信息挖掘技术的分析与决策支持研究**

海量数据挖掘是通过对数据库、数据仓库中的数据进行分析，获得有用知识和信息的一系列方法和技术。在国外，数据挖掘技术已迅速发展起来，逐渐成为决策支持的新手段。决策支持系统应用计算机技术将人类的洞察力、分析和解决问题的方法及经验加以逻辑化、数字化，并编成逻辑判断程序送入计算机。这套程序软件就构成了决策支持系统，其支撑技术如下：

1）研究更加复杂、更大规模的分析和挖掘技术。在大数据新型计算模式上实现更加复杂和更大规模的分析和挖掘是大数据未来发展的必然趋势。例如需要进行更细粒度的仿真、时间序列分析、大规模图分析和大规模社会计算等。另一方面，在大数据上进行复杂的分析和挖掘，需要灵活的开发、调试、管理等工具的支持。

2）研究大数据的实时分析和挖掘技术。面对大数据，分析和挖掘的效率成为此类大数据应用的巨大挑战。尽管可以利用大规模集群并行计算，以 Map Reduce 为代表的并行计算模型并不适合高性能地处理结构化数据的复杂查询分析。在数十 TB 以上的数据规模上，分析和发掘的实时性受到了严峻的挑战，是目前尚未彻底解决的问题。而查询和分析的实时处理能力，对于人们及时获得决策信息，做出有效反应是非常关键的前提。

3）研究大数据分析和挖掘的基准测试。各种大数据分析和挖掘系统各有所长，其在不同类型分析挖掘下，会表现出非常不同的性能差异。目前迫切需要通过基准测试，了解各种大数据分析和挖掘系统的优缺点，以明确能够有效支持大数据实时分析和挖掘的关键技术，从而有针对地进行深入研究。

4）提出适合于主要电力设备多维特征参量关联状态的分析方法。基于电力设备多维状态信息数据模型的研究，提出适合于主要电力设备（变压器、GIS、输电线路）多维特征参量关联状态的分析方法，建立关键电力设备多参量变化趋势预测模型和多因子关联关系模型。基于电力设备状态监测信息和数据，结合预防性试验、运行巡检和带电检测等其他状态信息数据，利用多元统计分析、关联分析等信息融合技术对各类数据进行信息融合处理和关联分析，采用数理统计、趋势分析等技术挖掘表征不同输变电设备运行状态的特征信息，研究各因素的作用及相互关系。深入分析各类典型缺陷的严重程度与局部放电、油中气体组分、分解气体组分、温度、介质损耗等现有各种监测量以及运行工况、环境、过电压等信息的表征关系，通过数据处理算法挖掘提炼出真正能够表征设备潜在缺陷与发展过程的有效参量及其组合。利用神经网络、模糊数学、证据推理等人工智能方法进行协同分析，建立合理的设备状态预测和预警模型，能够综合分析不同结构，不同电压等级以及不同类设备的状态数据变化及演变规律。

5）开发分析输变电设备状态数据的软件包。开发出基于信息融合分析的输变电设备状态数据挖掘和分析处理核心算法模型软件包，包含多源数据自动清洗、多因子关联分析、统计分析、趋势预测等功能，为电力设备的状态评估和缺陷诊断提供智能决策支撑。

**3. 绿色数据中心管理体系与关键技术研究**

绿色数据中心是数据中心发展的必然。总的来说，可以从建筑节能、运营管理、能源效率等方面来衡量一个数据中心是否为"绿色"。绿色数据中心的"绿色"具体体现在整体的设计规划以及机房空调、UPS、服务器等IT设备、管理软件应用上，要具备节能环保、高可靠可用性和合理性。研究以云计算为核心的服务管理层，为整个云服务体系提供监控、运维、配、容灾等管理能力，通过智能化技术建立"智能、高效、可靠、绿色"的数据中心管理体系。其支撑技术如下：

1）智能机房巡检技术。由轨道、摄像头、传感器、射频枪、RFID识别码和后台系统组成。技术支撑体系包括先进的通信、信息和控制等技术。其中，关键信息技术研究内容主要包括信息资产台账管理，信息机房无人巡检和缺陷管理故障检修。

2）3D机房移动巡检系统。通过3D渲染技术，结合IT运维系统的设备关联分析及IT集中监控的事件关联分析，在移动端实现机房设备的仿真展示，机房环境（温度、湿度、压力）的模拟展示以及网络拓扑结构关联分析。为运维人员在巡检过程中快速处理异常情况提供更直接、更清晰的指导意见和决策帮助。主要包括①基于移动3D渲染技术的机房设备展现；②环境数据"等值算法"研究，利用"等值算法"进行环境数据图形化展现；③设备信息、事件信息进行实时消息推送的研究。

3）数据中心能效检测技术。针对云计算系统或云计算服务中心的能耗指标PUE（Power Usage Effectiveness，电源使用效率）评测需求，对云计算系统或云计算服务中心的关键节点进行分布式自动化能耗信息采集，通过自动化手段进行"采集-分析-诊断-决策"，设计符合云计算技术特点，包含前端数据采集、中间数据传输以及最终云计算服务平台的分析决策优化。

## 4.2.3　高性能计算技术

基于高性能计算的基础环境仿真技术研究，是以高性能计算技术为手段实现 IT 基础环境仿真系统。基于服务器集群，采用服务器多虚一技术构建一个高计算性能、高内存容量的计算平台。研究并行计算技术在电力信息化中的应用场景。研究基础环境各元素的抽象需求，建立基础环境数据模型和行为模型，开发基础环境仿真系统[13]。其支撑技术如下：

（1）高性能计算技术架构理论研究

计算机集群有物理集群和虚拟集群两大类。物理集群是指一组通过物理网络互联的物理计算机。虚拟集群是由多个客户虚拟机构成，部署在由一个或多个物理计算机上。通常，物理集群是为了实现高性能计算，虚拟集群是为了实现服务的高可用性。根据应用需求，计算机物理集群又可细分为 3 类：

1）计算集群。主要用于单一大规模作业的集体计算。

2）高可用性集群。主要用于容错和实现服务的高可用性。

3）负载均衡集群。主要用于使集群中所有节点的负载均衡而达到更高的资源利用。本节研究上述 3 类计算机集群的关键技术，调研与分析能源互联网信息系统应用系统需求，尝试建设计算机集群系统。

（2）分布式并行计算平台应用前景研究

计算机物理集群（Computer Cluster）技术主要包括可扩展并行计算和分布式计算等相关技术，一般包括如下内容：

1）分布式系统基础架构 Hadoop。

2）分布式存储。

3）分布式数据库及文件系统。

4）分布式系统的同步协调机制等。

（3）研究 X86 服务器"多虚一"技术

通过服务器多虚一技术，将多台物理服务器合并为一台或多台虚拟服务器，提供一个高计算能力和大内存容量的虚拟服务器，为高计算量的应用提供运行平台。研究并行计算技术在电力信息化以及云计算中的应用，分析和研究以集群方式取代小型机的可行性及实用性。

## 4.2.4 信息处理技术的发展方向

**1. 云计算技术的发展趋势**

云计算的服务正处于飞速增长阶段，大量的网络用户和中小型企业为云计算的发展提供了很好的平台和前提条件，云计算能够很好地帮助企业提升企业在市场中的竞争力。但是，云计算还是处于发展的初级阶段，在未来云计算的运用可能意味着数据要跟着用户的需求走，谷歌公司认为云计算未来可以向以下面3个方向发展：

（1）云计算与手机的契合

随着云技术的广泛应用和普及，对于用户的终端要求大大降低，云计算未来的发展可能会与手机密切关联，也就是将二者的功能以一体为依托，通过手机加入云计算就能够实现超级计算机的功能，最终云计算技术和手机的结合将会实现随时随地的高性能计算。

（2）云计算与时代资源的结合

云计算的创新之处在于云计算将软件、硬件和服务有机融合并共同纳入到资源池，然后以网络为媒介向用户提供所需要的服务。网络的不断普及使云计算与时代资源的融合成为可能。

（3）云计算向商业模式的跨越

云计算是信息时代的发展所需，其可以对大量数据进行计算与集中储存，这是其最具诱惑力的一方面。这一方面足以诱导一些软件开发企业、服务性调研企业和科研企业对其进行应用。另外，云计算还会像自动缴费的方向延伸和发展，通过选择性缴费而得到相应的计算机服务。其模式类似于水电费用的充值模式，简单易行。

**2. 大数据技术的发展趋势**

（1）数据的灵活性成为焦点

随着传统数据库（Database）和数据仓库（Data Warehouse）的运行越来越缓慢，且很难满足企业业务的发展需要，数据的灵活性就成为推动大数据技术发展的一个重要推动力。Schroeder指出，2015年，随着企业逐渐从简单地收集和管理数据过渡到真正使用这些数据，数据的灵活性将越来越重要。

（2）企业逐渐从数据湖转向数据处理平台发展

从某种情况来说，2014年的大数据领域实际上就是一种"数据湖（Data

Lake）"的状态，一种基于对象的数据存储方式将收集来的数据以其最原生的格式（结构化的、非结构化的或半结构化的）存储下来留作日后使用。"数据湖"具有很高的价值定位，它代表了一种可扩展的基础架构，非常经济且超级灵活。

（3）自助服务大数据成为主流

随着大数据工具和服务的发展，IT 行业将逐渐缓解发展瓶颈的局面，许多商业用户和数据科学家将会借助相关工具和服务访问大量数据。它允许商业用户通过自助服务接触大数据。自助服务还可以帮助开发者、数据科学家和数据分析师直接进行数据探索和处理工作。

**3. 高性能计算技术的发展趋势**

在未来的高性能计算机系统中，半导体技术的发展将继续推动系统性能的进一步提高。同时，基于一些新材料新工艺的计算机，如光互联技术、超导体计算机、量子计算机以及分子计算机也将成为研究的热点，这些领域的技术突破将带来高性能计算技术的深刻变革。

近几年，出现了 GPGPU（General Purpose GPU，通用计算图形处理器），即使用 GPU 进行通用运算的技术，并由此产生了 CPU+GPU 的高性能计算方式。该方式下 CPU 专注于串行计算，而并行计算部分交由 GPU 来完成，GPU 参与并行运算后，将计算机的运算能力提升了几倍到几十倍，将 PC 转变成高性能计算机。

同时，基于高性能计算应用技术的能源管理的虚拟现实技术也在不断发展。

# 4.3　面向智能决策的信息交互技术

## 4.3.1　人工智能技术

人工智能技术分为分布式数据挖掘与决策分析技术和高速数据流挖掘分析技术两个方面。

**1. 分布式数据挖掘与决策分析技术**

随着信息量的激增，分布式技术已成为处理和存储庞大数据的重要方法。通过分析研究各种分布式数据挖掘方法的基础理论，结合基于营销、财务和生产等数据，整合银行、政府和社会第三方公用事业单位的相关数据，通过数据挖掘、关联分析预测、异常探测等技术，实现接入阶梯电价指导意见、相关电价政策、客户基本信息、客户历史用电信息、电价信息、购电成本等海量数据，通过制定分析模型，解决让分布性的电力数据能为决策提供更科学有效的支持[14]。其支撑技术如下：

（1）研究电力数据下分布式数据挖掘相关技术

研究以上技术，以解决电力数据的分布性、异构性、不确定、非结构化和海量性等问题。

（2）研究结点的同构与异构

在同构分布式数据挖掘系统中，各个结点存储的数据都具有相同的属性空间，通过研究元学习、合作学习、集成学习原理，研究实现同构结点的数据挖掘；研究异构分布式数据挖掘系统所要处理的数据集称为垂直分划数据集。

（3）研究分布式决策分析方法

决策分析是一种用于分类与价值分析的传统预测模型，由于其简单易用，并且具有很好的可理解性与较强的可扩展性，因此被数据挖掘领域所广泛使用。利用决策分析模型，对海量电网数据建模，形成可分析、可利用的多维 OLAP 模型。

（4）研究电力市场下分布式数据挖掘的关联规则相关技术问题

分析各种数据挖掘方法的优缺点，需求适合输电、配电、用电等计量数据的分析方法，整合银行、政府和社会等第三方公用事业单位的数据，选择最优算法对电力数据进行挖掘分析。

**2. 高速数据流挖掘分析技术**

随着信息化智能电网的不断发展，会产生大量的数据流，如智能电网监控日志、网络日志、IT 设备监控日志等，通过数据流的数据挖掘方法，从这些连续到达的多维、高速、时变、不可预测、无边界的数据流中提取有用的信息[15]。其支撑技术如下：

（1）基于数据流算法的相关技术研究

基于数据流算法的相关技术研究主要研究包括概要数据结构（生成数据流概要数据结构的主要方法包括取样、直方图、小波变换、Sketching、Load Shedding 和哈希方法），滑动窗口（Sliding Windows）技术（研究滑动窗口模型的挖掘算法），多窗口技术（多窗口技术在内存或磁盘中保存数据流上多个窗口内数据的概要信息），还有压缩技术和自适应技术等。

（2）基于数据流的聚类算法研究

数据流中的聚类算法属于增量式数据处理，聚类算法是无监督学习的一种，它是以相似性为基础，使得一个聚类中的样本之间与不在同一个聚类中的样本之间具有更多的相似性，主要包括 K-means 聚类算法、ClusterStream 算法。

（3）基于数据流的分类算法研究

分类算法通过对一个已有的训练集体合的学习得到学习模型，从而对于一个给定的测试对象，它能够给出基预测类别信息。主要有两种：增量式挖掘算法（如增量决策树）、基于批的集成学习算法。

（4）基于数据流的频繁模式挖掘算法研究

频繁模式挖掘的主要任务是在对样本数据进行统计后，得到频率较高的一系列数据。在频繁模式挖掘中有很多经典算法，例如 CHARM 算法、FP-growth 算法、CLOSET 算法、Apriori 算法等。

（5）基于数据流的数据挖掘方法在电力行业中的应用研究

监控网络的数据属于典型的数据流，如智能电网中分布于电网上的传感器构成的对于电网的检测系统、基于物联网的机房检测系统、安全和网络设备日志产生构成的日志检测系统，通过这些系统产生的数据流挖掘，可以发现其中规则性、异常性的问题，帮助执行者做出正确的决策，如调整电网负荷、发现入侵痕迹等。

（6）处理不完善快速数据流的方法

实际业务中的数据一定含有不完善的数据值，例如缺失值、噪声数据、偏见数据等，如何在极短的时间内，自适应处理不完善数据值，是面向数据流分析的一个重要挑战。各种数据流挖掘方法也提出了相应的解决方法（例如 iOVFDT、FlexDT 等增量决策树）。研究自适应数据流中的不完善数据，为提高对电网业务分析结果的可靠性，起到不可忽视的作用。

## 4.3.2　虚拟现实技术（VR）

虚拟现实技术（VR）是一种可以创建和体验虚拟世界的计算机仿真系统，它利用计算机生成一种模拟环境，是一种多源信息融合的交互式三维动态视景和实体行为的系统仿真，使用户沉浸到该环境中[16]。虚拟现实技术是仿真技术的一个重要方向，是仿真技术与计算机图形学、人机接口技术、多媒体技术、传感技术、网络技术等多种技术的集合，是一门富有挑战性的交叉技术前沿学科和研究领域。虚拟现实技术（VR）主要包括模拟环境、感知、自然技能和传感设备等方面。模拟环境是由计算机生成的、实时动态的三维立体逼真图像。感知是指理想的 VR 应该具有一切人所具有的感知，除计算机图形技术所生成的视觉感知外，还有听觉、触觉、力觉、运动等感知，甚至还包括嗅觉和味觉等，也称为多感知。自然技能是指人的头部转动，眼睛、手势或其他人体行为动作，由计算机来处理与参与者动作相适应的数据，并对用户的输入做出实时响应，并分别反馈到用户的五官。传感设备是指三维交互设备。

**1. VR 的技术特征**

（1）多感知性

多感知性指除一般计算机所具有的视觉感知外，还有听觉感知、触觉感知、运动感知，甚至还包括味觉感知、嗅觉感知等。理想的虚拟现实应该具有一切人所具有的感知功能。

（2）虚拟现实存在感

虚拟现实存在感指用户感到作为主角存在于模拟环境中的真实程度。理想的模拟环境应该达到使用户难辨真假的程度。

（3）虚拟现实交互性

虚拟现实交互性指用户对模拟环境内物体的可操作程度和从环境得到反馈的自然程度。

（4）虚拟现实自主性

虚拟现实自主性指虚拟环境中的物体依据现实世界物理运动定律动作的程度。

**2. VR 的关键技术**

虚拟现实是多种技术的综合，包括实时三维计算机图形技术，广角（宽视野）立体显示技术，对观察者头、眼和手的跟踪技术，以及触觉/力觉反馈、立体声、网络传输、语音输入输出技术等。作为现代科技前沿的综合体现，VR 是通过人机界面对复杂数据进行可视化操作与交互的一种新的艺术语言形式。与传统视窗操作下的新媒体艺术相比，交互性和扩展的人机对话，是 VR 艺术呈现其独特优势的关键所在。从整体意义上说，VR 艺术是以新型人机对话为基础的交互性的表达形式，其最大优势在于建构作品与参与者的对话，通过对话揭示意义生成的过程。通过对 VR、AR 等技术的应用，可以采用更为自然的人机交互手段控制作品的形式，塑造出更具沉浸感的艺术环境和现实情况下不能实现的梦想，并赋予创造过程以新的含义。如具有 VR 性质的交互装置系统可以设置观众穿越多重感官的交互通道以及穿越装置的过程，可以借助软件和硬件的顺畅配合来促进参与者与作品之间的沟通与反馈，创造良好的参与性和可操控性；也可以通过视频界面进行动作捕捉，储存访问者的行为片段，以保持参与者的意识增强性为基础，同步放映增强效果和重新塑造、处理过的影像；通过增强现实、混合现实等形式，将数字世界和真实世界结合在一起，观众可以通过自身动作控制投影的文本，如数据手套可以提供力的反馈，可移动的场景、360°旋转的球体空间不仅增强了展示的沉浸感，而且还可以使观众进入作品的内部，操纵它、观察它的过程，甚至赋予观众参与再创造的机会。

**3. VR 的技术应用**

（1）工业仿真

当今世界工业已经发生了巨大的变化，大规模人海战术早已不再适应工业的发展，先进科学技术的应用显现出巨大的威力，特别是虚拟现实技术的应用正对工业进行着一场前所未有的革命。虚拟现实已经被世界上一些大型企业广泛地应用到工业的各个环节，对企业提高开发效率，加强数据采集、分析、处理能力，减少决策失误，降低企业风险起到了重要的作用。虚拟现实技术的引入，将使工业设计的手段和思想发生质的飞跃，使其更加符合社会发展的需要，可以说在工业设计中应用虚拟现实技术是可行且必要的。工业仿真系统不是简单的场景漫游，而是真正意义上用于指导生产的仿真系统，它结合用户业务层功能和数据库数据组建一套完全的仿真系统，可组建 B/S、C/S 两种架构的应用，可与企业 ERP、MIS 无缝对接，支持 SQL Server、Oracle、MySQL 等主流数据库。工业仿真所涵盖的范围很广，从简单的单台工作站上的机械装配到多人在线协同演练系统。

（2）应急推演

防患于未然是各行各业，尤其是具有一定危险性行业（消防、电力、石油、矿产等）的关注重点，如何确保在事故来临之时做到最小的损失，定期执行应急推演是传统并有效的一种防患方式，但其弊端也相当明显——投入成本高，每一次推演都要投入大量的人力、物力，大量的投入使得其不可能进行频繁性的执行，虚拟现实的产生为应急演练提供了一种全新的开展模式，将事故现场模拟到虚拟场景中去，在这里人为地制造各种事故情况，组织参演人员做出正确响应。这样的推演大大降低了投入成本，提高了推演实训时间，从而保证了人们面对事故灾难时的应对技能，并且可以打破空间的限制，方便组织各地人员进行推演，这样的案例已有应用，必将是今后应急推演的一个趋势。作为电力培训中重中之重的安全性，虚拟的演练环境远比现实中安全，培训与受训人员可以大胆地在虚拟环境中尝试各种演练方案，即使闯下"大祸"，也不会造成"恶果"，而是将这一切放入演练评定中去，作为最后演练考核的参考。这样，在确保受训人员人身安全万无一失的情况下，受训人员可以卸去事故隐患的包袱，尽可能极端地进行演练，从而大幅提高自身的技能水平，确保在今后实际操作中的人身与事故安全。

### 4.3.3　物联网技术

物联网的最初概念产生于 1999 年。物联网（Internet of Things）就是"物物相连的互联网"。物联网是通过射频识别（RFID）装置、GPS、传感器系统与传感器网络等信息传感手段，按约定的协议，把任何物品与互联网相连接，进行信息交换和通信，以实现智能化识别、定位、跟踪、监控和管理的一种网络。发展物联网对于促进经济发展和社会进步具有重要的现实意义[17]。

智能电网和能源网从根本上讲是将信息技术与传统电网高度"融合"，从而极大地提升电网的信息感知、信息互联和智能控制能力，提高电网品质，实现各种新的应用。因此，它需要进行大量信息采集，并通过庞大通信网络，形成实时、高速、双向的信息流，采用开放的系统和共享的信息模式，促进电力流、信息流、业务流的高度融合和统一，以保证整个电力系统及相关环节的正常运行，支撑各类业务正常运转。智能电网和能源网完全可以利用依靠物联网所建立的数量庞大的终端传感器等采集设备，从输配电侧到用电侧的各类设备上采集所需数据信息，同时将这些数据信息通过物联网和其上层的互联网技术进行传递和交换，为智能电网和能源网的各种应用提供数据支持，有效整合通信基础设施资源和能源基础设施资源，使信息通信基础设施资源服务于能源系统运行，将能有效地为电网中发电、输电、变电、配电、用电等环节提供重要技术支撑，为国家节能减排目标做出贡献。因此物联网完全可以成为推动智能电网发展的重要技术手段。

**1. 物联网技术概述**

物联网是指在物理世界的实体中，部署具有一定感知能力、计算能力和执行能力的嵌入式芯片和软件，使之成为智能物体，通过网络设施实现信息传输、协同和处理，从而实现物与物、物与人之间的互联。具体来说，就是把感应器嵌入和装备到电网、铁路、桥梁、隧道、公路、建筑、供水系统、大坝、油气管道等各种物体中，然后将"物联网"与现有的互联网整合起来，实现人类社会与物理系统的整合。它是一种"万物沟通"的，具有全面感知、可靠传送、智能处理特征的，连接物理世界的网络，可实现任何时间、任何地点及任何物体的连接，使人类可以用更加精细和动态的方式管理生产和生活，达到"智慧"状态，提高资源利用率和生产率水平，改善人和自然界的关系，从而提高整个社会的信息化能力。物联网作为一种"物物相连的互联网"，无疑消除了人与物之间的隔阂，使人与物、物与物之间的对话得以实现。整个物联网的概念涵盖了从终端到网络、从数据采集处理到智能控制、从应用到服务、从人到物等方方面面，涉及射频识别装置、WSN、红外感应器、全球定位系统、Internet 与移动网络、网络服务、行业应用软件等众多技术。在这些技术当中，又以底层嵌入式设备芯片开发最为关键，来引领整个行业的上游发展。

**2. 物联网的技术框架**

基于 ITU 的架构，物联网的技术体系框架包括感知层技术、网络层技术、应用层技术和公共技术。若以电信网的架构来看，主要是向下多了一个感知延伸层，上面多了更多的应用。

（1）感知层

数据采集和感知主要用于采集物理世界中发生的物理事件和数据，包括各类物理量、标识、音频、视频数据。物联网的数据采集涉及传感器、RFID、多媒体信息采集、二维码和实时定位等技术。传感器网络组网和协同信息处理技术实现传感器、RFID 等数据采集技术所获取数据的短距离传输、自组织组网以及多个传感器对数据的协同信息处理过程。

（2）网络层

实现更加广泛的互联功能，能够把感知到的信息无障碍、高可靠、高安全地进行传送，这需要传感器网络与移动通信技术、互联网技术相融合。虽然这些技术已较为成熟，基本能满足物联网的数据传输要求；但是，为了支持未来物联网新的业务特征，现在传统传感器、电信网、互联网可能需要做一些优化。

（3）应用层

应用层主要包含应用支撑平台子层和应用服务子层。其中，应用支撑平台子层用于支撑跨行业、跨应用、跨系统之间的信息协同、共享、互通等功能；

应用服务子层包括智能交通、智能医疗、智能家居、智能物流、智能电力、环境监测和工业监控等行业应用。

（4）公共技术

公共技术不属于物联网技术的某个特定层面，而是与物联网技术架构的 3 层都有关系，它包括标识与解析、安全技术、网络管理和 QoS 管理。

由此可见，"全面感知、可靠传送和智能处理"是物联网必须具备的 3 个重要特征，也是"智慧地球"所期望的"更彻底的感知、更全面的互联互通、更深入的智能化"之核心所在。

**3. 智能电网和能源网的物联网技术应用**

智能电网和能源网的各个环节及各种电力设备，物联网都会在其发展中起到非常重要的作用。在以下几个环节中，物联网将会促进智能电网和能源网的智能化进程。

（1）发电与储能

智能发电环节大致分为常规能源、新能源和储能技术这 3 个重要组成部分。物联网技术的应用可以提高常规机组状态监测的水平，实现快速调节和深度调峰，能够有效地推进电源的信息化、自动化和互动化，促进机网协调发展。结合物联网技术，研发集实时监视、趋势预测、在线调度、风险分析为一体的水库智能调度系统，提高水能利用率；基于物联网技术，研究风电、光伏发电等新能源发电及其并网技术，实现新能源和电网的和谐发展；基于物联网技术，研究电动汽车充放电管理与调度系统。物联网技术同样有助于开展钠硫电池、液流电池、锂离子电池的模块成组、智能充放电、系统集成等关键技术研究。

（2）输电

输电环节是智能电网中一个极为重要的环节，目前已经开展了许多相关的工作，但仍然存在许多问题，主要有电网结构仍然薄弱，设备装备和健康水平仍有待提升；设备检修方式较为落后；系统化的设备状态评价工作刚刚起步。电网技术改造可以结合物联网技术，提高一次设备的感知能力，并很好地结合二次设备，实现联合处理、数据传输、综合判断等功能，提高电网的技术水平和智能化程度。输电线路状态检测是输电环节的重要应用，主要包括雷电定位和预警、输电线路气象环境监测与预警、输电线路覆冰监测与预警、输电线路风偏在线监测与预警、输电线路图像与视频监控、输电线路运行故障定位及性质判断、绝缘子污秽监测与预警、杆塔倾斜在线监测与预警等方面。这些方面都需要物联网技术的支持，包括这种传感器技术、分析技术和通信技术等。

（3）变电

变电环节目前已经开展了设备状态检修、资产全寿命管理研究和变电站综合自动化建设。主要存在的问题有设备装备和健康水平仍不能满足建设坚强电网的要求；变电站自动化技术尚不成熟；智能化变电站技术、运行和管理系统尚不完善；设备检修方式较为落后；系统化的设备状态评价工作刚刚起步。利用物联网技术可将重要设备的状态通过传感器上传到管理中心，实现对设备状态的实时监测和预警，提前做好设备更换、检修、故障预判等工作。近年来，随着数字化技术的不断进步和 IEC-61850 标准在国内的推广应用，变电站综合自动化的程度也越来越高。将物联网技术应用于变电站的数字化建设，可以提高环境监控、设备资产管理、设备检测、安全防护等应用水平。

（4）配电

物联网在配电网的应用主要包括对配电网关键设备的环境状态信息、机械状态信息、运行状态信息的感知与监测，配电网设备安全防护预警和对配电网设备故障的诊断评估和配电网设备定位检修等方面。目前，我国配电网设备的检修方式还普遍落后，有必要使用先进的物联网技术实现突破。例如配电网现场作业管理，物联网技术在配电网现场作业管理的应用主要有身份识别、电子标签、电子工作票、环境信息监测、远程监控等。基于物联网的配电网现场作业管理系统能真正实现调度指挥中心与现场作业人员的实时互动。

（5）用电

智能用电环节是用户感知和体验智能电网的重要载体。随着智能电网的发展，电网与用户交互双向互动化、供电可靠率与用电效率要求的逐步提高，分布式电源、微网及电动汽车充放电系统接入电网。因此，迫切需要研究与之相适应的物联网关键支撑技术，以适应不断扩大的用电需求与不断转变的用电模式。物联网技术在智能用电环节拥有广泛的应用空间，主要有智能表计及高级量测、智能插座、智能用电交互与智能用电服务、电动汽车及其充电站的管理、绿色数据中心、能效监测与电力需求侧管理等。

（6）基于物联网的电力资产管理

目前，电力企业对资产的管理仍然是以粗放式为主，这种粗放式管理存在很多问题，如资产价值管理与实物管理脱节、设备寿命短、更新换代快、技改投入大、维护成本高。随着智能电网的建设，发、输、变、配、用电设备数量迅速增多且运行情况更加复杂，加大了集约化、精益化资产全寿命管理实施的难度。利用物联网技术能够实现自动识别目标对象并获取数据，可为实现电力资产全寿命周期管理、提高运转效率、提升管理水平提供技术支撑。

（7）智能化电力设备

智能化电力设备能以数字方式全面提供系统的各种状态信息，并具有自我诊断和自适应的控制能力。物联网可在以下几个方面实现电力设备智能化：

1）信息感知。物联网技术可有效实现电量和非电量监测信号的分布式传感、传输与处理，进而实现电流的非接触测量。

2）智能诊断。对电力设备状态进行检测与故障诊断，是提高设备可靠性、保障系统安全运行的重要途径。物联网技术可在信号采集、信号传输、信号处理等方面辅助智能诊断的实现。

3）智能操作。研究不同工况下的开关最佳运动特性，及基于数字化的实现方法和技术，这就是电力设备的智能操作。物联网技术可以实现智能操作中的实时状态采集、操作模式决策等功能。

4）信息交互网络。信息交互网络是智能电网的基本环节和纽带。物联网的无线组网技术可应用到电力设备较集中的环境中，利用无线通信技术简化系统构成，使得根据需要灵活自动重构网络，提高了供配电系统的安全性和可靠性。

## 4.3.4　移动互联网技术

移动互联网（Mobile Internet，MI）是一种通过智能移动终端，采用移动无线通信方式获取业务和服务的新兴业务，包含终端、软件和应用 3 个层面[18]。终端层包括智能手机、平板电脑、电子书、MID 等；软件层包括操作系统、中间件、数据库和安全软件等。应用层包括休闲娱乐类、工具媒体类、商务财经类等不同应用与服务。随着技术和产业的发展，未来，LTE（长期演进，4G 通信技术标准之一）和 NFC（近场通信，移动支付的支撑技术）等网络传输层关键技术也将被纳入移动互联网的范畴之内。

随着宽带无线接入技术和移动终端技术的飞速发展，移动互联网应运而生并迅猛发展。然而，移动互联网在移动终端、接入网络、应用服务、安全与隐私保护等方面还面临着一系列的挑战。其基础理论与关键技术的研究，对于国家信息产业整体发展具有重要的现实意义。目前，移动互联网技术的发展和运用日益成熟，传统互联网企业都已经开始自觉地运用移动互联网技术和概念拓展新业务和方向。以下是移动互联网的关键技术：

（1）HTML5

HTML5 对于移动应用便携性意义重大，但是它的分裂性和不成熟会产生许多实施和安全的风险。然而，随着 HTML5 及其开发工具的成熟，移动网站和混合应用的普及将增长。因此，尽管有许多挑战，HTML5 对于提供跨多个平台应用的机构来说是一个重要的技术。

（2）多平台/多架构应用开发工具

大多数机构需要应用开发工具支持未来的"3×3"平台与架构，即 3 个主要平台（Android、iOS 和 Windows）和 3 个主要架构（本地、混合和移动 Web）。工具选择是一个复杂的平衡行动，需要权衡许多技术和非技术问题，如生产效率和厂商的稳定性。大多数大新机构将需要一些工具组合提供他们需要的架构和平台。

（3）可穿戴设备

智能手机将成为个人局域网的中心。个人局域网由身体上的健康医疗传感器、智能首饰、智能手表、显示设备（如谷歌眼镜）和嵌入到服装和鞋中的各种传感器组成。这些技术设备将与移动应用沟通，用新的方式提供信息，在体育、健身、时尚、业余爱好和健康医疗等方面推出广泛的产品和服务。

（4）高精确度移动定位技术

知道一个人的精确位置是提供相关位置信息和服务的一个关键因素。利用室内准确定位的应用现在使用 Wi-Fi、图像、超声波信号和地磁等技术。可以预期的是，使用新蓝牙智能标准无线信号的应用将增长。从长远看，智能照明等技术也将变得非常重要。准确室内定位技术与移动应用的结合将产生新一代非常个性化的服务和信息。

（5）新的 Wi-Fi 标准

新的 Wi-Fi 标准，如 802.11ac、11ad、11aq 和 11ah，将提高 Wi-Fi 性能，使 Wi-Fi 成为遥测等应用更重要的技术部分，并且使 Wi-Fi 能够提供新的服务。在未来 5 年里，随着机构中出现更多具有 Wi-Fi 功能的设备，随着蜂窝工作量转移更流行，以及定位应用需要密度更大的接入点配置，对于 Wi-Fi 基础设施的需求将增长。新标准和新应用所需要的性能产生的机会要求许多机构修改或者更换自己的 Wi-Fi 基础设施。

（6）企业移动管理

企业移动管理（EMM）这个词解释了移动管理、安全和技术支持等技术未来的演进和融合。企业移动管理包括移动设备管理、移动应用管理、包装和集装箱化以及企业文件同步化和共享的一些因素。这些工具将成熟，应用范围扩大并且最终解决智能手机、平板电脑和 PC 上所有流行的操作系统的移动管理需求。

（7）测量与监视工具

移动设备的多样性使全面的应用测试成为不可能的事情。移动网络不确定的性质和支持移动网络的云服务能够产生很难发现的性能瓶颈。通常叫作"应用性能监视"的移动测量和监视工具能够帮助解决这个问题。移动应用监视工具能够提供应用行为的可见性、设备使用状态或操作系统对用户行为的统计与监视信息，可据此分析与确定具体应用程序的详细利用情况。

## 4.3.5　信息交互技术的发展方向

未来信息交互技术的发展趋势主要是朝着自然化、智能化的方向发展的[19]。

（1）自然化的信息交互技术

当今时代发展的条件下，人的感受已经成了设计需要考虑的重要问题，同样信息交互也不例外。由于人适应了这样一种通过多种方式来共同控制客观对象，并同时希望快速看到控制结果的状况，使得自然化的信息交互界面成了一个快速发展的趋势，比较明显的就是虚拟现实技术的发展。用户借助必要的设备以自然的方式与虚拟环境中的对象进行交互作用、相互影响，从而产生亲临真实环境的感觉和体验。虚拟现实是多媒体发展的高级阶段，是人与机器无障碍交互的自然境界。

（2）智能化的信息交互技术

智能化信息交互技术改变的主要是机器，而不是人本身。一方面智能化交互设计将提高人的生活质量和改善人的生活环境，在这样一个交互设计的环境下，人与人之间的距离将会变得很近，人在使用过程中将体会到极大的愉悦性，提高了他们对生活的热情度；另一方面，智能化信息交互设计更加体现了人在其中的作用，即让所有的机器都调整到最佳的状态来适应人的需要，那时的界面可以是任何一个平面，这样的面不仅传达一个视觉效果，而且还会有听觉、嗅觉等多通道的方式。

未来信息交互设计面对的主要挑战将是"让电脑认识你，懂得你的需求，了解你的言辞、表情和肢体语言。"未来的设计中以人为中心的理念将会得到进一步的体现，人们在工作环境里不仅会在生理上觉得舒适，而且在心理上也会达到愉悦。

## 4.4　保障能源系统可靠性的信息安全技术

### 4.4.1　云计算信息安全技术

开展云安全体系研究，解决云计算在实际应用中面临的安全问题，包括云安全技术体系、管理体系和评价检测体系等，确保云计算系统安稳运行[20]。其支撑技术如下：

（1）电力云计算信息安全体系框架

调研分析智能电网环境下云计算信息安全现状，研究电力云计算环境下的信息安全需求，设计出一套符合电网行业的云计算信息安全体系框架。

（2）面向第三方的云平台可信评测技术

研究从第三方角度如何验证、审计和评测云平台的可信性。包括可信评测模型与体系结构，面向第三方的云平台可信证据收集，云平台可信性远程验证与审计方法、协议，云平台可信评测方法的定量分析、测试和评价等。

（3）云数据隐私保护技术

研究在云服务不完全可信的条件下，如何既能保证租户数据的隐私性，又能利用云平台的计算和存储能力。研究基于密文数据的索引、访问和搜索技术，隐私感知的混合云数据存取技术，基于功能加密的密文计算技术，面向云环境的密文数据共享和分发技术等。

（4）云安全的可信服务及其示范应用

研究在所有权和控制权分离的云计算模式下，如何给用户提供可信的云服务。研究基于管理权限细分的可信云服务技术，基于可验证计算的云计算可信性检测和验证，云提供商和租户互可信的系统记录和重放技术，云服务合同SLA 的合规性检测技术，虚拟机可信迁移技术等。针对典型云计算平台的实际使用场景，通过示范应用进行成果验证。

（5）多维度立体化云计算安全技术防护体系

从用户维度、业务维度、数据维度和基础设施维度构建云计算立体安全技术防护体系。针对用户维度，开展用户身份认证、访问控制、信任管理等用户侧安全机制研究，确保用户安全、可控地使用云服务；针对数据维度，开展数据加密机制、数据擦除机制和数据灾备等数据安全机制研究，保障云计算核心数据安全；在业务维度，开展 IaaS、PaaS、SaaS 三类云计算架构安全机制与策略研究，同时针对三类云计算架构开展安全审计与监控技术机制研究，建立云计算安全审计与监控体系；最后，在基础设施维度，结合云计算中心物理设备、网络与环境特殊安全需求，改变传统应用系统安全防护思路，设计基础网络、服务器和物理机房环境等防护体系。

(6) 电力云计算信息安全评估体系

云计算因其特殊性存在数据访问权限风险、数据存储风险、数据隔离风险、数据恢复风险。通过对电力企业的云计算应用进行深入的业务应用分析和安全风险分析，提出电力云计算安全风险评估模型，形成量化的安全评估指标和评估体系，有效评估电力企业中云计算应用的信息安全风险，为电力云计算的安全风险管理提供建设和改进依据。

(7) 电力云计算信息安全管理体系

云计算的应用模式与现有传统信息安全管理体系在较大程度上存在差异，需针对云计算模式下的安全管理体系开展相关研究，依据 PDCA 原则构建相应的电力云计算安全管理机制，包括安全策略、安全规则、预防措施的实施，确定云的监控与记录要求，明确监控流程、方法、频率等。同时，确定响应管理内容，包括应急预案、应急处置方案等。

## 4.4.2　物联网信息安全技术

结合电力物联网与智能电网应用特点及安全风险，分析物联网在智能电网各环节的业务应用，明确信息安全风险与需求，构建电力物联网安全体系架构；开展物联网应用信息安全体系研究，解决物联网在实际应用中面临的安全问题，使得电力物联网感知层、网络层、应用层均能达到安全防护要求，确保电力物联网应用架构整体安全性和电网信息系统的安全稳定运行[21]。其支撑技术如下：

（1）电力物联网应用场景及安全威胁分析研究

针对电力物联网各类主要应用场景的特点，不但需要针对物联网使用的传统技术面临的安全威胁进行分析，还需要对系统集成整体和具体应用数据进行安全威胁分析，评价相应安全风险，为后续进行安全体系设计奠定基础。

（2）电力物联网信息安全防护技术体系研究

综合从物理安全、信息采集安全、信息传输安全和信息处理安全等方面进行考虑，确保信息的机密性、完整性、真实性和网络的容错性，结合物联网分布式连接和管理模式，针对物联网体系架构的感知层、网络层和应用层分层开展安全层次模型研究，并结合每层安全特点对涉及的关键技术进行深入研究。

（3）物联网感知层安全技术研究

开展传感技术及其联网安全技术研究。传感网络具有无线链路比较脆弱，网络拓扑动态变化，节点计算能力、存储能力和能源有限，无线通信过程中易受到干扰等特点，使得传统的安全机制无法应用到传感网络中。通过综合采用密钥分配、安全路由、入侵检测和加密技术等，解决物理信道阻塞、碰撞攻击、伪造攻击、耗尽攻击、路由攻击、女巫攻击、去同步等安全问题。开展 RFID 相关安全问题研究，构建 RFID 安全防护机制，解决标签本身的访问缺陷、通信链路的安全和移动 RFID 的安全等问题。

（4）物联网网络层安全技术研究

开展物联网网络层安全技术研究，设计各种接入方式的异构安全组网模式，解决移动性安全管理和位置管理问题，攻克无线传输易受各类攻击的问题；针对 IPV6 协议存在的安全问题开展研究，解决数据传输过程中及协议固有的安全问题。

（5）物联网应用层安全技术研究

针对广域范围的海量数据信息处理和业务控制策略将在安全性和可靠性方面开展研究，重点解决业务控制、管理和认证机制、中间件以及隐私保护等安全问题。包括无人值守的节点业务配置、安全日志信息管理带来的信任割裂难题，研究适用于不同场景、不同等级的隐私保护技术，实现对等计算（P2P）或语义 Web 的隐私保护。

（6）电力物联网安全测评体系研究

研究电力物联网的安全测试策略和测试方法，通过对物联网网络报文的解析，开展对非法接入节点的测试，实现对非法接入电力传感器网络的几种典型攻击实现分析测试和预警；评估物联网器件和网络是否能满足电力应用安全需求，设计与现有等级保护体系兼容的物联网测评指标体系。

### 4.4.3 能源工业控制系统安全技术

工控系统安全是当今信息安全领域的战略高地，随着国家层面的网络对抗日益加剧，工业控制系统因其巨大的政治、经济影响已成为各种势力攻击破坏和实施网络战的首选目标，同时互联网技术与工控系统的深度融合引发了工控系统安全的重大挑战[22]。工控系统安全防护多数依赖系统隔离和网络分区分域管理，这些传统的安全防御方法无法抵御"震网"病毒、"火焰"病毒、BlackEnergy等靶向攻击。

**1. 工控系统安全现状**

我国工业控制系统的进口设备存有漏洞后门的问题严重，硬件漏洞修复成本高、难度大，我国关键基础设施工控系统的安全隐患无法根除；受国外工控系统"一站到底"式控制模式的制约，工控系统的安全检测、监测、控制与防范等难以深入；我国工业控制系统的自主研制与国产化应用起步较晚，自主可控的工控系统高端产品国产化率较低；工控系统重大共性关键安全技术尚需突破，适应我国工控安全需要的安全标准和技术体系等相对滞后。

**2. 拟解决的关键技术问题**

（1）工控系统攻击模型与安全防护体系构建问题

工控系统的多样性和个性化安全问题突出，单一检测防护技术手段难以抵抗专业化的高级威胁攻击，需要针对工控系统特征和攻击机理，建立工控专用协议深度分析模型、自适应敌手攻击模型、纵深防御模型，形成一套完整的工控深度攻防技术体系。

（2）工控系统安全漏洞挖掘与利用问题

针对工控系统中的控制器硬件、组态软件等核心部件漏洞修复难、修复成本高等问题，从分析工控系统运行机制及漏洞触发机理入手，解决基于不同硬件体系的工控软件行为特征提取与判定的问题。漏洞挖掘研究主要包括漏洞安全属性建模及推理、工控专用协议漏洞分析、漏洞触发模式及运行属性检测、漏洞逼近测试及导向触发理论等技术问题。漏洞利用研究主要针对不同功能、不同类型工控部件所存在的漏洞，采用基于各类典型漏洞行为模式分析、作用机理分析和攻击测试样例设计等方法，解决工控系统漏洞深度利用的问题。

（3）工控系统深度安全技术测试验证问题

工业控制系统安全防护技术的健壮性离不开高度仿真的攻击测试及验证，需要构建适用于电厂 DCS、PLC 控制系统、电网调度控制系统等典型工控系统的安全技术验证试验环境，解决工控系统的攻防场景和高仿攻防模拟问题，以及研究攻防效果评估、攻防场景分析、漏洞危害性验证和安全技术有效性评估问题。

（4）工控系统组件动态防护问题

工控系统实施纵深防御和边界防护，需要解决安全域划分的区域防护、上位机防护以及 PLC 和现场总线控制回路防护等多重防护问题。研究高速现场总线技术、安全网络技术、安全内存管理技术等，解决多重纵深防御机制影响工控系统性能的技术难题。当工控系统攻击发生时，提高系统冗余性，动态重构系统，保证控制系统功能正常运行，利用控制系统的主-备冗余和关键工控应用所特有的异构安全保护系统，有效发现攻击发生前探测活动并及时预警定位，利用工控系统异构冗余的特点，解决在工控系统发生大规模灾难性攻击前遏制和清除攻击行为的安全问题。

（5）工控系统主动防御问题

依据国际和我国工控系统研发、设计、运行特征及安全防护方面的标准和法规要求，采用安全工程思想，分析工控系统高危等级威胁的攻击特征，利用 DCS 的动态重构机制，切换至系统备份以恢复安全状态，解决系统面临安全威胁时的主动防御和系统恢复问题。非法设备接入所引发的恶意软件攻击是工控系统的主要威胁之一，需要在评估安全审计监控技术可行性的基础上，解决工控系统非法信息控制流和数据流的监控和预警问题，特别需要解决控制所需的、具备高抗压能力的安全配置数据制定和动态调整问题。

**3. 关键技术研究方向**

（1）工控系统攻击模型与安全防护体系研究

1）针对工业控制器回路攻击、组态数据篡改等安全威胁，研究涵盖协议安全分析、自适应敌手攻击、纵深防御效果评估的工控系统攻击模型。

2）以传统的分区隔离纵深防御技术为基础，采用动态防护和主动防御方法相结合，研究以动态的对抗性安全理念为核心工控系统自适应防御体系，并进一步基于威胁情报的攻击路径和系统攻防态势，研究自适应的调整防御资源实施安全响应和恢复方法。

3）突破控制器安全启动、固件/软件证明、系统内核加固、白名单管控、网络动态监控等核心关键技术，研制基于硬件密码模块的可信工控终端防护系统、基于设备 ID 的海量终端身份鉴别和安全通道加密系统。

（2）工控系统安全漏洞挖掘与利用技术研究

1）研究基于解剖分析和非侵入/半侵入检测分析等技术手段的工控系统硬件逆向分析方法，挖掘工控系统硬件与芯片的漏洞。研究基于非侵入式测试、半侵入式测试、模拟与数字量混合的测试数据生成等技术，基于电路分析、算法分析、逻辑仿真等手段的硬件逆向综合分析方法，挖掘硬件或芯片设计中隐藏的缺陷或漏洞。

2）研究基于动态靶向分析的软件漏洞挖掘与分析方法，发掘工控系统软件漏洞。基于机器学习理论研究工控系统行为模式和异常捕获方法。利用污点传播和符号执行等软件漏洞分析方法，结合符号执行与路径约束求解技术，提高漏洞分析效率。研发工控软件漏洞挖掘平台，具备分析、挖掘和检测工控核心部件漏洞的能力，并利用该平台挖掘工控软件漏洞 40 个以上。

3）针对在典型工业装置、主流工控系统等核心部件上挖掘出的漏洞，研究相应的利用方法，创建漏洞利用样本，建立漏洞测试样例集。并以此为基础研发工控系统漏洞利用工具集，涵盖篡改组态数据、伪造控制指令、实时欺骗、获取超级权限等漏洞类型测试样例。

（3）工控系统深度安全技术测试验证方法研究

1）研究并构建工控系统典型装置的测试验证平台，支持电力 DCS、PLC 控制系统、电网调度控制系统等典型工控系统的模拟仿真。构建典型的工控系统漏洞挖掘、检测、评估、攻防实验等工控系统深度安全技术测试验证环境，可针对国内外主流工控系统及协议等开展漏洞挖掘、攻防演练、验证评估等科学实验。

2）研究工控系统攻击效果和安全防御量化评估方法，研究工控系统的攻防技术并评估其漏洞威胁，测试验证漏洞利用方法的有效性、实用性和隐蔽性。突破多层次的模糊测试、形式化分析和模拟仿真等技术，构建攻击测试用例集，针对防护组件/工具开展工控系统攻防对抗测试，评估其安全风险。在工控系统安全防御量化评估方法的基础上，建立电力工控产品测评认证、产品供应链备案、漏洞预警通报、应急响应等安全保障机制。

（4）工控系统组件动态防护技术研究

1）研究涵盖工控系统监控层、网络层和现场控制层的动态防护方法，包括面向国产 CPU 的基础控制和安全保护组件，工控系统二维度（基于内容和行为）白名单防护、现场总线实时监控、工控环境身份鉴别和防篡改等共性关键技术。

2）采用双机/总线/网络冗余等研究动态重构和异构冗余的安全保护技术，对以 PLC/控制器−现场总线−传感器和执行器构成的控制回路，进行故障模式影响分析，研究异构的安全保护系统，对异构冗余的多路输入信息展开关联分析并捕捉可疑行为，实施主动防御和动态防护。

3）研制自主可控的国产 CPU 协同控制组件、工控网络协议过滤与保护组件、安全工业以太网交换机等组件，以及工业防火墙、网络行为旁路实时监测与审计等产品，实现工控网络的动态深层防护。

（5）工控系统主动防御技术研究与应用

1）研究基于序列保护、多重身份、单一合法数据源、信息验证等的边界数据隔离技术，以漏洞攻防作为设计基准，采用边界数据隔离手段提升控制器防护能力。

2）研究针对 IO 逻辑控制、数据交叉校验、状态信息传输等实施监控和高危攻击应急响应，一旦出现异常则启动应急保护机制，将安全威胁彻底隔离。

3）研究工控系统安全配置基线方法和上位机主动防御方法，研制的动态防护组件实现工控系统运行环境可信检查和实时监控。

## 4.4.4　信息安全技术的发展方向

据 Gartner 公司分析，当前国际大型企业在信息安全领域主要有如下发展趋势[23]：

1）信息安全投资从基础架构向应用系统转移。

2）信息安全的重心从技术向管理转移。

3）信息安全管理与企业风险管理、内控体系建设的结合日益紧密。

4）信息技术逐步向信息安全管理渗透。

信息安全经过多年的发展酝酿，已经逐步得到用户认可和重视，目前一些具有创新意识的用户已经着手规划"数据安全体系"，并将其作为信息安全体系中的新重点来进行建设，这些行动也将有利于解决云计算、移动互联网带来的系统边界模糊化导致的安全防护难题。这一方面源于移动、云计算和大数据的快速发展，用户信息化、智能化程度明显提高，继而推动数据集中化趋势，数据成为用户信息的核心资产，数据安全自然成为信息安全的高地；另一方面，随着 APT 等新型攻击的出现，围绕渗透、接触数据核心资产的网络路径穷举法捉襟见肘，用户意识到传统的系统安全、边界安全将无法防卫以数据窃取为主要目的的攻击行为，必须创新数据安全防御才能应对云时代、移动互联网时代的 IT 新变化。

数据安全建设成为助推信息安全与应用系统融合的发动机，同时也将被纳入主流行业信息安全标准体系中，我国已迈入信息安全建设的高峰期，而数据是信息保护的核心，特别是政府、金融、互联网等主流行业的数据安全建设势在必行，数据安全标准的建设也将应运而生。

## 4.5　本章小结

信息技术是推进能源系统信息层基础建设的关键支撑技术。当前，以移动互联网、物联网、云计算、大数据、人工智能等为代表的信息技术正在加速创新、融合和普及应用，极大促进了能源系统信息化和智能化的发展。本章讨论了促进透明电网的信息感知技术，包括芯片级传感技术、芯片保护控制技术、光纤传感网络技术和泛在网络技术；适应分布式处理的信息处理技术，包括云计算技术、高性能计算技术和大数据技术等；面向智能决策的信息交互技术，包括人工智能技术、虚拟现实技术、物联网技术和移动互联网技术；保障能源系统可靠性的信息安全技术，包括云计算信息安全技术、物联网信息安全技术和工业控制系统安全技术。

## 参考文献

[1] 沈忱，夏继强，满庆丰，等. 基于磁阻传感芯片阵列的磁导引 AGV 传感器设计 [J]. 传感器与微系统，2016，35(3)：108-110.

[2] Dickinson T A, White J, Kauer J S, et al. A chemical-detecting system based on a cross-reactive optical sensor array [J]. Nature, 1996, 382(6593): 697-700.

[3] Cui X, Yang F, Li A, et al. Chip surface charge switch for studying histone-

DNA interaction by surface plasmon resonance biosensor ［J］. Analytical Biochemistry, 2005, 342(1): 173-175.

［4］ Zhang Y, Tadigadapa S. Calorimetric biosensors with integrated microfluidic channels ［J］. Biosensors & Bioelectronics, 2004, 19(12): 1733-1743.

［5］ Tombelli S, Minunni M, Mascini M, et al. A DNA - based piezoelectric biosensor: Strategies for coupling nucleic acids to piezoelectric devices ［J］. Talanta, 2006, 68(3): 806-812.

［6］ Graham D L, Ferreira H A, Freitas P P, et al. Magnetoresistive - based biosensors and biochips ［J］. Trends in Biotechnology, 2004, 22(9): 455-462.

［7］ Krommenhoek E E, van Leeuwen M, Gardeniers H, et al. Labscale fermentation tests of microchip with integrated electrochemical sensors for pH, temperature, dissolved oxygen and viable biomass concentration ［J］. Biotechnology & Bioengineering, 2008, 99(4): 884-892.

［8］ 杜志泉, 倪锋, 肖发新. 光纤传感技术的发展与应用 ［J］. 光电技术应用, 2014, 29(6): 7-12.

［9］ 周海涛. 泛在网络的技术、应用与发展 ［J］. 电信科学, 2009, 25(8): 97-100.

［10］ 重视发展物联网产业抢占智能时代制高点 ［EB/OL］. http: // iot. ofweek. com/2015-09/ART-132216-8470-29000512. html.

［11］ 解路路. 虚拟化与云计算技术在企业信息化中的应用 ［J］. 中国新通信, 2016, 18(14): 107.

［12］ 孟祥君, 季知祥, 杨祎. 智能电网大数据平台及其关键技术研究 ［J］. 供用电, 2015, 32(8): 19-24.

［13］ 迟学斌, 赵毅. 高性能计算技术及其应用 ［J］. 中国科学院院刊, 2007, 22 (4): 306-313.

［14］ 怀自国. 基于 M-Agent 的分布式数据挖掘研究 ［D］. 南昌: 江西师范大学, 2011.

［15］ 姜远, 刘力平. 数据流挖掘技术 ［J］. 江南大学学报: 自然科学版, 2007, 6 (6): 654-657.

［16］ 刘国信. 虚拟现实产业亟待标准护航 ［J］. 大众标准化, 2017, 25(6): 59.

［17］ 王保云. 物联网技术研究综述 ［J］. 电子测量与仪器学报, 2009, 23(12):

1-7.

[18] 沈晶歆. 移动互联网关键技术及典型业务产品研究 [J]. 电信科学, 2010, 26 (10)：5-12.

[19] 宋鸣侨. 浅析人机交互技术的发展趋势 [J]. 现代装饰：理论, 2012 (2)：148.

[20] 池俐英. 云安全体系架构及关键技术研究 [J]. 电脑开发与应用, 2012, 25 (6)：20-22.

[21] 唐忠, 杨春旭, 崔昊杨. 智能电网关键技术及其与物联网技术的融合 [J]. 上海电力学院学报, 2011, 27(5)：459-462.

[22] 夏春明, 刘涛, 王华忠, 等. 工业控制系统信息安全现状及发展趋势 [J]. 信息安全与技术, 2013, 4(2)：13-18.

[23] 罗革新, 吕增江, 崔广印, 等. 大型企业信息安全体系架构设计初探 [J]. 油气藏评价与开发, 2008, 31(6)：471-478.

# 第5章 广域互联能源网

广域互联能源网作为智能电网与能源网融合的典型场景之一，其特征是连接大规模能源生产基地与负荷中心，保证安全和高效的能源输送，与信息通信系统广泛结合，并实现广域集中式能源消纳的能源网络新业态。面向能源需求的持续增长、新能源开发技术不断成熟的背景，广域互联能源网将在更广域电力互联的基础上，提升跨区域能源传输效率，实现大规模可再生能源的集中消纳。围绕以上目标，本章将对我国建设广域互联能源网的必要性及广域互联网的形态特征进行阐述，并重点分析广域互联能源网技术需求及其技术的发展方向。

## 5.1 电力发展趋势

### 5.1.1 电力需求预测

中国电力企业联合会（以下简称中电联）预测[注]：2020 年全国全社会用电量为 7.7 万亿 kW·h，人均用电量 5570 kW·h，"十三五"年均增长 5.5%左右；2030 年全国全社会用电量为 10.3 万亿 kW·h，人均用电量 7400 kW·h，2020~2030 年年均增长 3%左右；2050 年为 12 万亿~13 万亿 kW·h，人均用电量 9000 kW·h 左右（见表 5-1）。

表 5-1 中电联对全国电力需求的预测

| 对 比 项 | 2020 年 | 2030 年 | 2050 年 |
|---|---|---|---|
| 全社会用电量/万亿 kW·h | 7.7 | 10.3 | 12~13 |
| 人均用电量/kW·h | 5570 | 7400 | 9000 |

⊖ http://www.cec.org.cn/yaowenkuaidi/2015-03-10/134972.html

从电力需求地区分布上看，东、中、西部发展受两个主要因素影响：一是发挥西部资源优势，耗能产业逐步向西部转移；二是随着城镇化深化发展，人口继续向东中部地区（特别是大中城市）集中。综合两方面因素，未来西部地区用电需求预计将保持较快增长，增速快于中、东部地区；但中、东部地区受人口增加、电气化水平提高等因素影响，用电量也将平稳增长（中、东部地区作为我国人口中心、经济中心和用电负荷中心的地位将长期保持）。

国家电力规划研究中心预测[○]：到 2020 年全国需电量将达到 7 万亿~8 万亿 kW·h；2021~2030 年，电力需求年均增速将放缓到 3.5%左右，到 2030 年全国需电量将达到 10 万亿~11 万亿 kW·h；2031~2050 年，电力需求年均增速进一步放缓至 1.0%左右，到 2050 年全国需电量将达到 12 万亿~15 万亿 kW·h。2020 年全国人均需电量将达到 5172 kW·h；2030 年全国人均需电量将达到 7000 kW·h；2040 年全国人均需电量将达到 8108 kW·h；2050 年全国人均需电量将最终达到 9034 kW·h。到 2050 年时，我国的人均用电量稍高于日本、韩国目前水平，达到美国 20 世纪 80 年代水平（见表 5-2）。

表 5-2　国家电力规划研究中心对全国电力需求的预测

| 对 比 项 | 2020 年 | 2030 年 | 2050 年 |
| --- | --- | --- | --- |
| 全国需电量/万亿 kW·h | 7~8 | 10~11 | 12~15 |
| 人均需电量/kW·h | 5172 | 7000 | 9034 |

未来，我国东、中、西部地区用电量的差距将逐步缩小。其中，东部地区用电量比重将由现况的 50%逐步下降至 2020 年的 45%与 2030 年的 42%，至 2050 年降至 39%；西部地区用电量比重将由现况的 23%逐步上升至 2020 年的 25%与 2030 年的 26%，至 2050 年上升至 27%；中部地区用电量比重将由现况的 19%逐步上升至 2020 年的 22%与 2030 年的 24%，至 2050 年上升至 26%；东北部地区用电量比重基本保持 8%不变。

中国科学院预测：2031~2050 中国人均年用电量可达到当前日本、德国等发达国家水平，约人均 8000 kW·h，若按照 15 亿人口测算，中国电力消费需求总量达到 12 万亿 kW·h，是 2013 年的 2.25 倍。

综上所述，各权威机构和知名学者对我国未来电力需求的预测相对一致，

○　http://www.nea.gov.cn/2013-02/20/c_132180424_5.htm

即我国未来电力需求将保持持续的增长，需求的重心依然分布在中、东部地区。

## 5.1.2　电力供应预测

中国科学院预测[3]：到 2050 年，水电、风电、太阳能、核电、气电等清洁能源电力的发电量占总发电量的比例为 50%~70%，煤电占 30%~50%。在我国清洁能源发电量占比 50%、60%、70% 三种场景下，全国总发电装机容量分别达 29.42 亿 kW、33.68 亿 kW、37.95 亿 kW，煤电装机容量分别为 12.0 亿 kW、9.6 亿 kW、7.2 亿 kW，非水可再生能源（风能、光伏发电等）发电量比重分别为 11.86%、21.88%、31.88%，详见表 5-3、表 5-4、图 5-1 和图 5-2。

表 5-3　我国 2050 年装机容量预测　　（单位：亿 kW）

| 场景 | 煤电 | 气电 | 水电 | 非水可再生能源发电 | 核电 | 总量 |
|---|---|---|---|---|---|---|
| 2010 年 | 6.833 | 0.264 | 2.16 | 0.299 | 0.108 | 9.664 |
| 50% | 12 | 2 | 4.5 | 7.92 | 3 | 29.42 |
| 60% | 9.6 | 2 | 4.5 | 14.58 | 3 | 33.68 |
| 70% | 7.2 | 2 | 4.5 | 21.25 | 3 | 37.95 |

表 5-4　我国 2050 年发电量预测　　（单位：亿 kW·h）

| 场景 | 煤电 | 气电 | 水电 | 非水可再生能源发电 | 核电 | 总量 |
|---|---|---|---|---|---|---|
| 2010 年 | 3.339 | 0.078 | 0.687 | 0.049 | 0.075 | 4.228 |
| 50% | 6 | 0.9 | 1.575 | 1.425 | 2.1 | 12 |
| 60% | 4.8 | 0.9 | 1.575 | 2.625 | 2.1 | 12 |
| 70% | 3.6 | 0.9 | 1.575 | 3.825 | 2.1 | 12 |

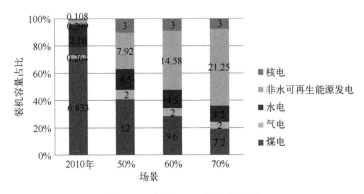

图 5-1　我国 2050 年装机容量

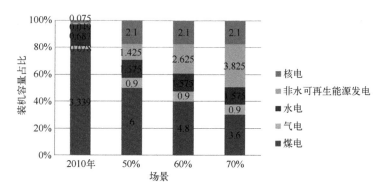

图 5-2　我国 2050 年发电量

中电联预计：全国发电装机到 2020 年需要 19.6 亿 kW 左右，2030 年需要 30.2 亿 kW 左右，2050 年需要 39.8 亿 kW 左右。其中，非化石能源发电所占比重逐年上升，2020 年、2030 年和 2050 年发电装机占比分别达到 39%、49% 和 62%，发电量占比分别达到 29%、37% 和 50%（见图 5-3）。

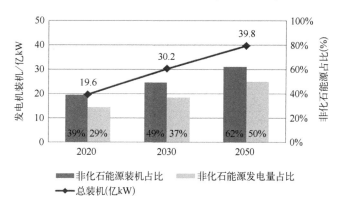

图 5-3　中电联 2020~2050 年全国装机量预测

其中，全国煤电装机规划 2020 年达到 11 亿 kW，2030 年达到 13.5 亿 kW，2050 年下降到 12 亿 kW；核电装机规划 2020 年达到 5800 万 kW 左右，2030 年达到 2.0 亿 kW，2050 年 4.0 亿 kW；全国天然气发电装机规划 2020 年 1.0 亿 kW，2030 年装机 2.0 亿 kW，2050 年装机 3.0 亿 kW。

华电集团预测<sup>⊖</sup>：2020 年全国总装机容量为 18.07 亿 kW，火电装机容量达 10.79 亿 kW，其中煤电装机容量 9.44 亿 kW，气电装机容量 7300 万 kW，水电

⊖　http://www.cec.org.cn/xinwenpingxi/2015-03-17/135271.html

装机容量 3.9 亿 kW，核电装机 5800 万 kW，风电装机容量 1.9 亿 kW，光伏电站 9000 万 kW，生物质发电装机容量 2000 万 kW（见图 5-4）。

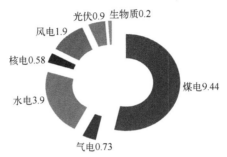

图 5-4　华电集团 2020 年各类能源装机容量预测（单位：亿 kW）

国家电力规划研究中心预测：2020 年我国电力装机将达到 18 亿 kW，其中煤电、气电等化石能源装机约占 2/3，水电、核电、风电等非化石能源装机约占 1/3；2030 年电力装机将达到 25 亿~28 亿 kW，化石能源装机占 50%~60%、非化石能源装机占 40%~50%。到 2050 年，我国发电量的饱和规模将达到 13.1 亿~14.3 万亿 kW·h。人均发电量达到 9034~9862 kW·h，与韩国水平相当，约为美国水平的 70%。对应的装机饱和规模为 32 亿~34 亿 kW，其中化石能源装机规模占 47% 左右，较 2011 年下降了 25 个百分点；非化石能源装机规模占 53% 左右。人均装机 2.3 kW，与日本当前水平相当，约为美国的 70%，高于英法德等欧洲国家（见表 5-5）。

表 5-5　国家电力规划研究中心全国装机容量预测

| 对 比 项 | 2020 年 | 2030 年 | 2050 年 |
| --- | --- | --- | --- |
| 全国总装机容量/亿 kW | 18 | 25~28 | 13.1~14.3 |
| 化石能源装机占比 | 2/3 | 50%~60% | 57% |
| 非化石能源装机占比 | 1/3 | 40%~50% | 43% |

综上所述，未来我国清洁能源的装机容量和发电量都将占据较大比例是比较一致的判断。

## 5.1.3　可再生能源发电预测

中电联预计：到 2050 年，我国电力结构将实现从煤电为主向以非化石能源发电为主的转换。到 2020 年我国风电产业将处于世界领先水平，2020 年我国太阳能发电产业将达到世界先进水平，2030 年将处于世界领先水平，全国风电装机容量规划 2020 年达到 2.8 亿 kW，2030 年达到 6.7 亿 kW，2050 年达到 13.3 亿 kW。全国常规水电装机容量规划 2020 年达到 3.6 亿 kW，开发程度为 67%；2030 年达到 4.5 亿~5.0 亿 kW，开发程度超过 80%，除西藏外，全国水电基本开发完毕；抽水蓄能装机容量规划 2020 年、2030 年和 2050 年分别达到 6000 万 kW、1.5 亿 kW 和 3 亿 kW（见图 5-5）。

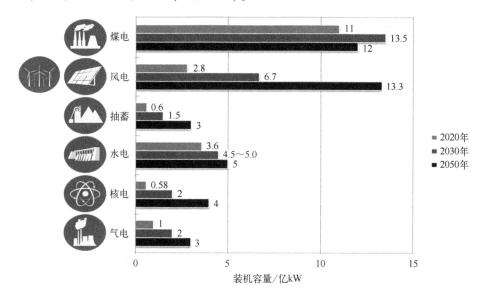

图 5-5　中电联 2020~2050 年全国各类能源装机量预测

综上所述，可再生能源将在未来大规模发展，可再生能源尤其是风电的地理分布相对集中，并且远离中东部负荷中心。

### 5.1.4　电力流和输电需求预测

中国科学院预测[3]：未来 40 年中，电力负荷将呈现从高速增长向相对缓慢增长过渡、负荷中心"西移北扩"两大特点，但总体上负荷中心仍主要分布在中、东部地区。随着工业化进程及城市化进程的推进，未来我国第二产业的用电比重将不断下降，第三产业和居民用电的比重将不断上升。在珠三角、长三角、环渤海湾地区等传统负荷中心以外，将在华中、西北、东北、西南等地形成新的负荷中心。预计 2050 年中、东部主要负荷中心用电量比例仍将占全国 75%左右。远期来看，煤电主要分布在煤炭资源丰富的西部、北部以及中、东部负荷中心，按西部和中、东部各占 50% 考虑；水电，包括大型水电基地和小水电取决于资源分布，中、东部占 20%，西部占 80%，其中西南地区占 60%；风电、太阳能等非水可再生能源发电，中、东部约占 50%，包括沿海风电和分布式开发，西部、北部占 50%，主要是大基地的集中式开发；核电、气电则主要分布在中、东部负荷中心。以此推算 2050 年电源分布为中、东部装机容量略大于西部、北部，大致比例是 53∶47。设定中、东部地区的电源发电量就地消纳，西部、北部电力电量外送比例按 40%~50% 考虑，我国中长期（2031~2050 年期间）按人均年消费电量 8000 kW·h 计，西部、北部远距离向中东部输送的电力容量为 4.41 亿~5.51 亿 kW，输送的电量为 1.989 万亿~2.485 万亿 kW·h。总结起来，未来"西电东送""北电南送"的电力流格局没有改变，只是由目前以水电和煤电为主的大容量远距离外送，逐步转变为水电、煤电、大规模风电和荒漠太阳能电力并重外送。因此，电网的功能由纯输送电能转变为输送电能与实现各种电源相互补偿调节相结合（见图 5-6）。

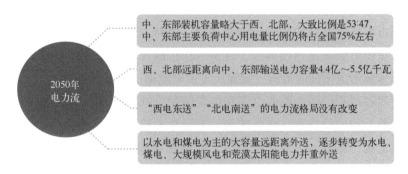

图 5-6　2050 年电力流预测

　　能源和电力是影响经济社会发展的重大因素。进入 21 世纪，全球能源生产消费持续增长，化石能源大量开发利用，导致资源紧张、环境污染、气候变化诸多全球性难题，对人类生存和发展构成严重威胁。为了应对这一挑战，全球能源格局正在发生深刻变化，能源结构加快调整，清洁能源发展加快，多元化、清洁化和低碳化趋势明显。我国能源资源约束日益加剧，建立在传统化石能源基础上的能源发展方式已经难以为继，能源发展面临一系列新问题、新挑战，迫切需要发展广域互联能源网。

## 5.2　广域互联能源网的形态特征

作为智能电网 2.0 的主网形态，广域互联能源网的典型特征如下：

（1）更广域的电力互联

更广域的电力互联是广域互联能源网的结构特征之一。更广域的互联互通可有效解决能源缺口，实现跨区域、跨洲际的能源共享。由于各国各洲间存在着时差，南北半球之间存在季节差，在更大范围（国际、洲际）构建更广域的电力互联互通，可以有效实现电力负荷的时空互补，有助于在更大范围内的峰谷平抑和可再生能源消纳，提高发电设备的利用率，降低能源供应成本；促进区域经济协调发展。

目前，欧盟已宣告正式成立能源共同体（Energy Union），以促进区域内各成员国更广域的电网互联与能源共享。欧盟要求到 2020 年各国电力互联比例必须达到本国发电容量的 10%。因此，加强跨区域电力互联电网是一个发展趋势。欧洲超级电网连接北海沿岸清洁能源项目、横跨欧洲与非洲的北海超级电网是由数千公里的海底电缆连接而成，耗资 300 亿欧元，旨在将北海的海上风能以及南欧和非洲的太阳能等可再生能源所发的电能输送给电力消费者。

在世界各国积极探索智能电网和能源网融合战略之际，国家电网公司形成了全球能源互联网的构想：将由跨洲、跨国骨干网架和各国各电压等级电网构成，连接北极、赤道（一极一道）等大型能源基地，适应各种集中式、分布式电源。因此，我国未来电网需要实现更大范围、更广域（国际、洲际）的电力互联互通，构建洲际骨干网架、洲内跨国网架，与国内分层分级的电网协调发展，覆盖各个电压等级和电源接入、输电、变电、配电、用电和调度各个环节。

当然，这种更广域的电力互联必须适应电力流格局，与大型能源基地开发和负荷分布相适应，具备大规模远距离输电能力。受资源分布限制和可再生能源能源密度限制，基本趋势将是我国西部水电、西部和北部超大规模荒漠太阳能电站、北部和西北部大规模风电等将有很大发展。煤炭资源主要集中在西部和北部，水电资源 80% 分布在西部，风能和太阳能资源也主要分布在西部，而电力负荷主要集中在中、东部地区。因此未来"西电东送""北电南送"的电力流格局没有改变，只是由目前以水电和煤电为主的大容量远距离外送，逐步转变为水电、煤电、大规模风电和荒漠太阳能电力并重。国家电网公司规划至

2020 年建成"三华"(华北、华中、华东) 特高压同步电网和 19 回特高压直流
工程, 统筹推进各级电网建设, 合理分层分区, 实现各电压等级电网有机衔接,
形成结构清晰、功能明确、匹配合理的电网网架。坚强的电网网架有助于实现
国内不同地区之间的电力互济互通。至 2050 年, 虽然经济和技术发展的不确定
性因素较多, 但未来电网的发展必须适应这种情况。

(2) 广泛连接大型可再生能源基地

广域互联能源网的第二个特征是广泛连接大型可再生能源基地。根据我国
风能资源分布和未来风电资源开发布局, 大规模风力发电未来将主要集中在我
国西北 (内蒙古) 和华北、东北、华东部分地区 (即蒙西、甘肃、新疆、蒙东、
吉林、河北和江苏七大风电基地)。受太阳能资源限制, 未来大规模太阳能发电
将主要集中在我国西北地区。未来电网需要通过建设特高压跨区输电通道, 实
现大型可再生能源基地的集中开发和电力可靠送出, 促进清洁能源发展。

## 5.3　广域互联能源网的技术需求

当前, 能源互联网已经上升为国家战略和世界共识, 作为能源资源配置平
台, 其规模更大、技术更复杂。多种技术广泛渗透融合的能源技术革命正在到
来, 互联网理念深刻影响着电力行业的传统业务形态和运作流程。作为能源资
源配置平台, 广域互联能源网的联网规模更大、技术更复杂。

特高压电网是实现超远距离、超大容量、安全可靠、绿色低碳、友好互动
的能源资源优化配置平台, 将有效解决经济发展和能源分布不均衡、经济发达
地区环境容量对传统能源使用存在限制等问题, 大幅度提高能源配置利用效率。
为实现全球范围超大容量、超远距离的电力输送, 需要研究远距离输电技术。

广域互联能源网旨在推动能源发展方式转变, 使能源发展摆脱资源、时空
和环境约束, 通过广泛连接各大煤电基地、大水电基地、大规模新能源基地和
负荷中心, 在洲际实现能源互联互通。电网容量和规模的巨大发展, 一方面满
足了国民经济的电力需求, 另一方面对电网的调度、运行和控制提出了更高的
要求。同时, 需要建立高效的商业运营模式, 支持跨国跨洲的电力交易运营,
支持分布式电源灵活接入与运行, 支持多种能源供应系统融合与能源共享运营。
需要研究与之相适应的大电网安全稳定运行技术。

在全球范围内, 社会经济的发展, 必将伴随能源消耗的持续增加, 石油、

天然气和煤炭等不可再生资源储量有限性，导致用能日趋紧张，而化石能源消耗量的攀升，加速了全球气候变暖趋势，对生态系统、自然环境、水资源造成不可逆转的破坏，开发应用绿色清洁能源是实现可持续发展的必然选择。构建广域互联能源网面临着适应大规模清洁能源发电，大容量、远距离输送和并网运行的间歇性、波动性，以及应对恶劣气候条件下设备运行维护等重大技术挑战，需要研究与之相适应的大规模可再生能源集中消纳技术。

## 5.3.1　远距离输电能力提升的技术需求

我国智能电网是以特高压电网为骨干网架、各级电网协调发展的。目前，欧洲正在大力发展以 HVDC 和柔性直流输电技术为核心的超级电网（Super Grid），其技术发展思路值得我国借鉴。预计在"十三五"末，我国将建成以特高压同步电网为核心，连接各大煤电基地、大水电基地、大可再生能源基地的特大互联电网。更广域的电网互联促进了远距离输电技术的发展和应用。随着特高压交直流工程的密集投运、新能源的大规模接入和柔性直流和 FACTS 等新型输电技术的应用，电网的安全稳定特性更加复杂、分析控制更加困难，提升远距离输电能力面临的挑战凸显。表 5-6 为远距离输电能力提升的技术需求。

**表 5-6　远距离输电能力提升的技术需求**

| 目标 | 连接各大煤电基地、大水电基地、大可再生能源基地，将风能、太阳能、海洋能等可再生能源输送到各类用户 |
| --- | --- |
| 挑战 | 特高压交直流混合并联运行 |
| 关键技术 | 特高压交流输电技术、特高压直流输电技术 |

## 5.3.2　大电网安全稳定运行的技术需求

近年来，直流输电以其送电规模大、距离远的技术优势，在全国范围内优化能源资源配置的作用得到逐步发挥，形成了国家电网特高压交直流混联的格局。截至 2015 年 6 月，国家电网公司正式投运的直流输电工程共计 16 回，其中 ±800 kV 特高压直流有 4 回，总额定输电容量 5822 万 kW。在送端，形成西南多回直流密集送出和西北风火打捆结构，直流输送容量占比四川发电容量达 50%；在受端，形成华东多直流馈入，落点比较密集，7 回直流输送容量达到华东总负荷的 15%。大规模直流跨区输电和全网一体化的交直流混联已成为公司电网的典型特征。未来几年，随着国家电网公司"四交五直""五交八直"工程的陆续投产，特高压直流将达到 18 回，落点更为密集，交流系统内部电气距离进一步减小，使得国家电网交直流混联特征更加突出、大电网稳定特性更加复杂。同时，新能源大规模接入、灾害天气频发以及智能电网建设的加快导致气象因素对电网安全运行的影响逐渐显现。数值天气预报是新能源功率预测、灾害天气预警、负荷预测等技术的最重要输入数据，亟须建设针对电力应用的高精度数值天气预报平台系统，支持风电、光伏、水电等清洁能源的预测工作，提供准确气象灾害预警信息，并全方位支撑电网安全运行。

针对更广域互联电网面临的上述挑战，亟待提升大电网的自动化运行水平，以提升对电网的运行控制能力。基于此，表 5-7 列出了提升大电网自动化水平的技术需求。

**表 5-7　提升大电网自动化水平的技术需求**

| 目标 | 应对新能源大规模接入、交直流混联后的电网稳定问题，提升大电网的自动化水平，确保大电网的安全运行 |
|---|---|
| 挑战 | 电力系统暂态仿真规模需扩大<br>电力电子装置的电磁建模技术需深化研究<br>大规模电磁仿真的工程化应用技术水平需提升 |
| 关键技术 | 新一代特高压交直流电网仿真平台、交直流大电网系统保护技术、气象及能源大数据的应用 |

## 5.3.3　大规模可再生能源集中消纳的技术需求

从传统电网体系向新型能源体系的转换过程中，具有间歇性、随机性和波动性特点的可再生能源得以快速发展，包括大型集中式和小型分布式的新能源发电将大规模、高比例接入电网。以风电、太阳能发电为代表的大规模随机性分布式电源具较大波动性，势必对电网的稳定安全带来影响；电动汽车不同于一般的商业或居民用电负荷，充放电过程也会对电网的潮流带来波动。随机性分布式电源安装在用户附近，其新增和改建相对容易和频繁，同时由于分布式电源的波动性，从电网宏观角度来看，分布式电源投切频繁、自由度大，应对随机性分布式电源高密度、高渗透率接入，规避潜在风险，对分布式电源进行管控是必需的。同时，由于风电自身的波动性、间歇性、反调峰性、低可调度性等"不友好"特点，其快速增长对电网传统的调度和控制模式产生了重大影响。

面对高比例集中消纳可再生能源的需求，可通过"发电跟随负荷与负荷跟随发电相融合的双向调度"，即"需求调度与发电调度"的运行模式<sup>⊖</sup>，从需求侧来解决电力实时平衡的问题。同时，综合电网和用户的利益诉求，使控制灵活的分布式电源/储能/负荷（及其逆变/整流系统）具备类似同步发电机（电动机）运行特性，电网通过电压和频率自然地约束其运行行为，配合区域调度平台对分布式电源的集群控制是解决高渗透率、高密度随机性分布式电源消纳的有效手段之一。表5-8为大规模可再生能源集中消纳的技术需求。

表5-8　大规模可再生能源集中消纳的技术需求

| 目标 | 大规模、集中式可再生能源灵活接入电网，绿色电力自由流动 |
| --- | --- |
| 挑战 | 可再生能源发电具有随机性、间歇性和波动性的特点，高比例、大规模接入增加了电力系统调度、运行和控制的复杂性<br>发电机组的低抗扰性和弱支撑性 |
| 关键技术 | 柔性直流输电大规模储能技术<br>适应高比例可再生能源接入的大电网调度技术 |

## 5.4　远距离输电能力提升的技术发展方向

### 5.4.1　特高压交流输电技术

我国能源资源和生产力发展呈逆向分布，能源丰富地区远离经济发达地区，因此长距离、大容量输电是我国未来电网发展的必然趋势，特高压交流输电正是具备这一能力的输电方式。特高压交流输电的主要优点如下：

1）提高传输容量和传输距离。随着电网区域的扩大，电能的传输容量和传输距离也不断增大。所需电网电压等级越高，紧凑型输电的效果越好。

2）提高电能传输的经济性。输电电压越高则输送单位容量的价格越低。

3）节省线路走廊。一般来说，一回1150 kV输电线路可代替6回500 kV线路。采用特高压输电提高了走廊利用率。

在特高压输电系统中，工频过电压和操作过电压的水平是关系到设备绝缘设计的关键因素，直接影响设备制造成本和系统的运行性能。尽可能降低工频过电压和操作过电压的水平对特高压输电技术的应用有非常重要的意义。一般

---

⊖　中国电科院技术报告需求调度与发电调度的前期预研

来说，在特高压电网建设初期，尤其是电源送出工程初期，由于电源侧系统较弱，工频过电压水平较高，相应地导致操作过电压水平也提高。综合考虑操作过电压和工频过电压，根据目前国内已掌握的技术条件，通过在线路中间装设开关站，建设 700 km 及以下的交流特高压线路在技术上是可行的，工频过电压和操作过电压能够限制在允许水平以下，且有利于考核设备性能。目前实施特高压交流输电技术需要研究的主要技术问题如下：

(1) 无功平衡

特高压线路的充电功率很大（约为同长度 500 kV 线路的 5 倍），无功平衡问题尤显突出。固定电感值的电抗器无功补偿可限制甩负荷时的工频过电压和正常运行时的容升效应，但这可能降低特高压线路的输送能力。为有效解决这一问题，需重点研究可控电抗器的技术要求、参数及对潜供电流和工频、操作过电压的作用。

(2) 消除潜供电弧

特高压线路的潜供电流大，恢复电压高，潜供电弧难以熄灭，影响单相重合闸的无电流间歇时间和成功率，需研究快速消除潜供电弧的措施以确保故障相在两端断路器跳开后熄灭潜供电弧。日本采用快速接地开关，单相重合闸时间限制在 1 s 内，较好地解决了这一问题，故需研究高速接地开关的技术要求、参数。

(3) 过电压限制及绝缘配合

操作波特性对特高压设备尺寸、造价影响较大，若出现饱和效应更会非线性增加尺寸，使造价过高。日、美、苏联的研究表明：采用带分合闸电阻的断路器、高性能 MOA 及并联电压电抗器可限制操作过电压小于 1.6 p. u，从而解决这一问题。故应重点研究新措施降低特高压系统过电压至一个较低水平，使绝缘配合中特高压设备对内过电压的要求降低。

(4) 串联电容补偿

为提高特高压线路的输送容量和增强系统稳定度，需研究特高压系统的串联补偿装置及相关参数和技术要求。

(5) 外绝缘

外绝缘研究包括特高压线路和变电站中各种电极结构空气间隙的放电特性，各类送、变电设备外绝缘的放电特性，不同海拔高度下的海拔修正系数等，需结合我国特点试验研究。另外，特高压线路的防雷、防污、带电作业也需结合沿线路的雷电活动情况、土壤电阻率情况、污源分布状况专题研究合理的绝缘配合原则并结合我国的带电作业方式、工具特点研究最小安全距离和组合间隙，为设计、运行维护提供技术依据。

（6）特高压设备

根据对国内产品制造单位的调研，大多数特高压输变电所需设备（如变压器、电抗器、避雷器、CT、PT、绝缘子、导线、金具、杆塔等）国内均有一定生产能力，部分设备（如 GIS、高速接地开关等）在建设初期可以引进。可以预计，发展特高压输电技术不仅可以促进电网发展，还将有力推动和提升我国高压电器制造水平和生产能力。

## 5.4.2　特高压直流输电技术

构建跨国、跨洲的广域互联能源网，需要各电压等级序列的电工装备来适应不同距离的输电需求。±1100kV 特高压直流的经济输电距离可达到 3000km 以上，已基本满足跨国间的电力联网，但 6000km 以上的洲际联网，需要更高电压等级、更大输送容量的直流电气设备。±1500kV 特高压直流成套设备的研制与应用，能够有效解决广域互联能源网中大功率、远距离电力流传输问题。在特高压直流输电背景下，大容量、抗高应力直流开关设备才能满足广域能源互联网构建需求。同时，为应对广域互联能源网各种复杂形势，在环保、占地要求极为严格的地区和国家，小型化、轻量化气体绝缘直流开关设备将极大地提高广域互联能源网的运转效率。由于广域互联能源网的建设电压等级相对较高、传输容量相对较大，设备需要的绝缘水平较高，导致设备制造难度大大增加。为了降低设备绝缘水平，同时提高设备的可造性，需要研发具有新动作原理的可控避雷器。

其次，广域互联能源网的建设将面临高海拔、极寒极热、常年覆冰等极端恶劣的气候与地质环境，能够抵御极端条件的特高压直流设备成为建设广域互联能源网的基本要素。极寒地区阀厅内外的温差较大，导致气体压力不均匀，低温使套管内部气体液化。另外，套管额定电流的大幅增加，导致套管内部发热更为严重，发热是导致直流套管故障的重要原因，迫切需要研制出适用于极寒环境下大容量输电的±1100kV 直流套管。极寒极热气候条件都将导致换流变压器绝缘特性发生改变，严重影响换流变压器的安全运行，需要研制在极端气候条件下的±1100kV 大容量换流变压器。考虑到广域互联能源网所处地质、气候等外界条件的影响，高电压、大通流能力电缆设备的研制将大大降低广域互联能源网的建设难度。在气温变化大、风暴侵袭、雷闪、雨淋、结冰、洪水、湿雾等恶劣自然条件的地区与国家，埋地电缆将大大提高电网运行可靠性。跨洲联网、海上大型风电基地的集成开发都将对直流海缆提出更高的技术要求。此外，大吨位线路绝缘子和耐高寒、耐腐蚀金具也成为制约广域互联能源网构建的限制因素。

广域互联能源网势必成为集常规特高压交直流电网、多端柔性直流电网、交直流配网相互耦合作用的综合体。发展和建设特高压柔性直流输电工程，与常规特高压电网互联，实现真正意义上的灵活交直流特高压耦合电网，充分发挥常规特高压和柔性特高压二者的技术优势，实现超大规模清洁能源的直流送出与灵活消纳。在交直流强耦合电网下，保证故障直流线路的快速退出。同时，在故障状态下，保障其他互联直流线路的正常运行，实现直流线路的大范围组网，特高压直流断路器的研制迫在眉睫。大规模交直流混合电网作为广域互联能源网重要的组成部分，为了彻底解决受端换相失败问题，增强整个能源互联系统的稳定性，有必要开发融合了传统 LCC-HVDC 和 VSC-HVDC 优点的新一代混合直流输电控制保护装置。

## 5.5　大电网安全稳定运行的技术发展方向

### 5.5.1　基于运行轨迹的电力系统稳定分析与控制

目前我国已形成"三交四直"特高压混联电网，伴随特高压工程的持续建设，新能源发电、直流输电、电力电子装置大量使用，交直流电网之间的相互影响、相互作用将明显增强，电力系统的规模日益增加，稳定特性愈加复杂。近些年，国内外大规模停电事故不断发生，大电网实施风险评估和状态检修的需求凸显，而安全稳定分析是大电网实施风险评估和状态检修的理论基础。

当前电力系统安全稳定控制体系还不够完备，平台安全稳定控制问题还未得到彻底解决，迫切需要从稳定特性及安全稳定控制的基础理论出发，充分利用广域测量系统和高速通信技术，升级现有安全稳定控制技术，进而在安全稳定分析的基础上研究搭建大电网实施风险评估和状态检修平台，以辅助调度运行人员预测感知和管理控制电网的运行风险，对维持电网安全稳定运行有重要意义。国内目前采用的安全稳定控制技术，主要有 3 种类型：

（1）离线决策，在线匹配

即利用电力系统仿真计算软件，针对不同的运行方式和给定的故障集合，通过大量离线仿真计算，找出对应故障集合所需要采用的安全稳定措施，形成安全稳定控制策略表，当系统发生故障时，则按照策略表给定的控制措施进行控制。

（2）在线决策，在线匹配

即利用电力系统在线仿真计算软件，针对当前的运行方式和给定故障集合，通过在线仿真计算，形成安全稳定控制策略表，当系统发生故障时，按照策略表给定的控制措施进行控制，此种方式可避免"离线决策"中运行方式不适应问题。

以上 2 种方法都必须依靠电力系统仿真计算来形成安全稳定控制策略表，由于目前电力系统仿真计算软件的仿真能力、仿真精度和计算时间的局限，所形成的安全稳定控制策略表存在失效的风险。一方面现有电力系统仿真计算软件的能力和模型参数的精度还不能保证仿真计算结果与电力系统的实际动态过程完全一致，可能导致对系统稳定与否或稳定性质的误判，而使策略表失效。另一方面，仿真计算的故障集不可能包括系统所有可能发生的故障组合，当系统发生的故障超出故障集范围，安全稳定控制策略表将失效。

（3）暂态能量函数分析

即基于李雅谱诺夫稳定理论，对应用于电力系统暂态稳定分析的暂态函数法进行分析，暂态能量函数法的物理概念清晰、直观，除了快速性外，具有定量分析稳定程度的独特优势。但"暂态能量函数分析法"用于多机系统稳定分析时存在难以识别失稳模式，李雅谱诺夫稳定性定义可面向线性与非线性系统、定常与非定常系统，它分别对定常非线性系统和非定常线性系统解的结构有完备的理论，但对于非定常非线性系统的稳定理论不尽如人意，随着电力系统互联规模的增大及大量电力电子设备的投入，系统运行的复杂程度日益增加，其动态行为也变得更加复杂，暂态能量函数法等方法虽然计及了系统的非线性，但仅给出了系统稳定性的判别结果及能量变化轨迹，未能给出扰动发生后的系统运行轨迹及表征系统状态的特征。

由于基于事件的"离线决策，在现匹配"和"在线决策，实时匹配"构成的电力系统安稳措施存在失效的风险，"暂态能量函数分析法"存在可靠性问题，难以满足大电网安全稳定运行的要求。需要研究电力系统安全稳定控制"实时决策，实时控制"基础理论，构建新型电力系统安全稳定控制系统，进而实现"实时决策，实时控制"。

广域同步测量系统（WAMS）由于其测量数据的快速性和同步性，已广泛应用于解决电力系统动态监测与控制问题，广域同步测量系统出现之前，缺乏有效量测手段获取系统动态信息，WAMS 出现以后，大量研究成果致力于解决计及相量测量数据的静态状态估计，同时依靠 WAMS 开展"动态状态估计"，用于相对缓慢的电力系统负荷波动过程状态估计。在平衡精度和速度的前提下，电力系统可看作是一个二阶系统，二阶系统时域分析理论此前在大区互联系统交流联络线功率波动机理方面得到了很好的应用，基于二阶线性系统时域分析理论和电力系统冲击功率的功率分配理论，提出了功率缺额后联络线功率波动峰值以及功率转移比的计算方法，为互联电力系统运行方式的安排和控制策略的确定提供了依据。

广域测量信息具有全局性、实时性和连续性的特点，如果能够利用广域测量信息生成系统的运行轨迹并求解该二阶系统的精确解析解，则可以进一步拟合预知系统受扰轨迹的变化趋势，对系统受扰动后的运行轨迹进行预测，提前对系统的运行轨迹加以干预控制，改变系统的运行趋势。通过提前判断系统的安全稳定情况，为紧急控制系统提供更多决策时间。当预测到系统即将失稳时，及时采取适当的安全稳定控制措施，以保持系统稳定。与目前采用的安全稳定控制技术不同，这种稳定分析和控制方法采取的是预控思路，对系统运行起校正调节作用。

国内基于相量测量装置的广域测量系统正已日趋完善，借助高速通信网络，能实现测量数据空间上的广域和时间上的同步，但由于电力系统事故过程中，网络拓扑发生改变且难以实时获得，网络中母线电压幅值和相角可能突变，简单依靠广域测量系统拟合系统运行轨迹还存在许多难题，未来仍需开展多方面研究。

## 5.5.2 新一代特高压交直流仿真平台

随着电网向交直流混联结构快速发展，大电网的稳定特性受到严重的影响：一是交直流连锁反应将成为常态，交流电网短路故障（甚至设备的正常操作）将会引发交直流系统连锁反应；二是在特高压交直流大功率输送方式下，故障导致的暂态能量冲击大、影响范围广，成为电网运行控制难点。

电力系统仿真是认识和把握电网的机理、指导电网运行和控制的最重要手段。在"五交八直"投产后，特高压交直流大功率输送方式将成为新常态，交直流连锁反应、电网巨大暂态能量冲击将具普遍性与全局性，成为影响大电网稳定的主要因素。针对未来新的电网形势，现有电力系统仿真工具面临以下挑战：

1）电磁暂态仿真规模需要不断扩大。直流落点密集，单一交流系统故障会引起多回直流同时功率波动，仅对直流及近区交流电网进行电磁暂态仿真，无法准确模拟交直流之间、多回直流之间的相互影响特性。

2）基于电力电子技术（包括常规直流、柔性直流、SVC、STATCOM 等电磁建模技术）的装置需要深化研究。特别是直流控制保护装置，控制环节多、硬件和软件逻辑复杂，不同厂家设备控制特性差异大，数字仿真建模困难，目前仍需要基于物理模型的混合仿真对数字模型进行校验和完善。

3）大电网电磁仿真的工程化应用技术水平需要提升。电磁暂态仿真采用分布参数元件和三相瞬时值建模，微秒级步长进行积分计算，运算量巨大、建立初始工况困难，需要依托大规模并行计算技术提高应用效率。目前，虽然在原理上实现了突破，但在大电网电磁仿真工程化应用技术方面，需要进一步提升。

为应对上述挑战，迫切需要创新研发新一代仿真平台（见图 5-7），对电网特性进行全面、深入、高效的分析，提高大电网的认知水平和提升运行管控能力，进一步对构建广域互联能源网提供有力的技术支撑。

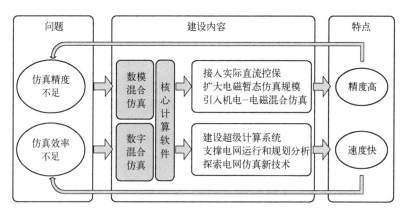

图 5-7　新一代仿真平台建设思路

新一代特高压交直流电网仿真平台包含数模混合仿真和数字混合仿真两个实验室。两个实验室的共性是采用相同的核心计算技术，都需要扩展电磁暂态规模，并解决机电与电磁仿真接口问题。两者区别在于，数模混合仿真接入实际控保，功能定位是电网特定方式的精确仿真；数字混合仿真不接实际控保，功能定位是大电网大量作业的快速计算。通过两个平台的开发和应用，满足公司特高压交直流电网发展、运行的需要，有效地解决电网面临的仿真精度和仿真效率两大问题。

新一代仿真平台建成后，与传统的仿真计算工具共同发挥作用，不同的工具应用于不同场景，形成多场景、多工具联合作业的计算模式，共同支撑未来电网运行。

**1. 数模混合仿真**

如图 5-8 所示建设以高性能并行计算机为数字实时仿真核心、外接各种实际控制保护装置的数模混合仿真平台：按照与实际工程特性一致的原则，在中国电科院国家电网仿真中心配置控制保护装置；扩充相关数模混合接口装置，满足与各套控制保护装置连接的需要，建立完备的直流输电系统数模混合实时仿真平台。

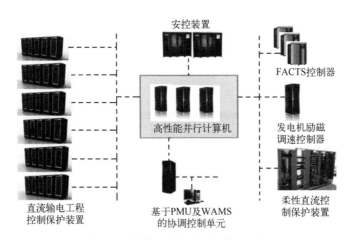

图 5-8　数模混合仿真平台体系架构

数模混合仿真以高性能计算机为计算核心，同时采用多种接口设备将所需实际物理装置接入，实现与一次数字仿真模型联合实时闭环计算，如直流输电工程控制保护装置、多种 FACTS 装置实际控制器（SVC、TCSC、STATCOM、可控高抗等）、发电机励磁调速控制器、柔性直流控制保护装置等。

通过综合比较 ADPSS、HYPERSIM、RTDS 等数字实时仿真平台的技术经济性，确定数模混合仿真发展路线：2017 年前，HYPERSIM 与 ADPSS 相互补充，适当扩充 HYPERSIM 软硬件，满足"四交五直"投运后电网发展需要；同时，加快 ADPSS 技术攻关，扩大电磁规模，提升控制保护接入能力，到 2020 年前，形成具有自主知识产权的新一代 ADPSS 数模混合支撑工具，HYPERSIM 转为校验系统。

数模混合仿真的建设目标：2018 年，电磁暂态仿真规模进一步扩大，能够覆盖华东、西南、西北等单一区域电网 220 kV 及以上的网架及所研究区域内的所有直流工程，均接实际控制保护仿真装置，其余电网采用机电暂态建模，以机电-电磁混合仿真开展支撑工作。

**2. 数字混合仿真**

按照能同时并行处理大量计算作业的需求，配置高性能计算机和存储系统，并采用最新的网络和软件技术互联，成为电网仿真专用的大型并行计算系统，全面支撑发展规划和调度运行的仿真计算分析，如图 5-9 所示。

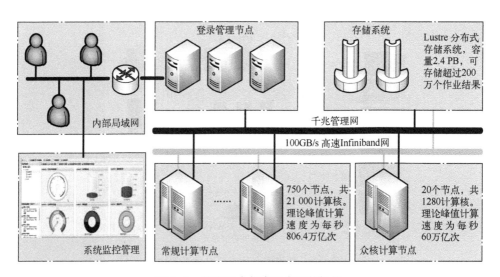

图 5-9　数字混合仿真平台硬件架构

建立包含资源层、平台层、应用层的超级计算机软件体系，以 ADPSS 软件为主要基础，进行平台核心计算程序的并行化重构和开发，支撑运行计算分析、电网推演、新技术研发等不同功能，并建立基于云计算的服务支撑体系。

数字混合仿真的建设目标：2018 年，电磁暂态仿真规模进一步扩大，能够覆盖三华电网主网架及所有在运直流线路。

在新一代特高压交直流电网仿真平台建设过程中，需要研究攻克大规模电磁暂态算法及实时仿真、机电-电磁混合仿真接口、大规模分网并行、多控保装置与大规模数字仿真接口、电磁暂态指定工况自启动、基于超算的并行化重构、超算资源共享与云计算服务等 7 大关键技术。

### 5.5.3　交直流大电网系统保护技术

特高压交直流工程的发展以及大规模新能源的接入，给系统继电保护安全运行带来挑战。智能变电站作为变电站自动化的一种全新技术模式，其基本特征包括一次设备智能化、二次系统网络化和信息建模标准化及一体化，是解决交直流大电网系统保护的重要手段。

图 5-10 所示为智能变电站继电保护的基本功能架构，来自互感器的电压和电流模拟量通过合并单元（Merging Unit，MU）转换为数字量，并被合并到具有标准格式的采样值（Sample Value，SV）报文中，通过基于 IEC 61850-9-2 的过程层网络传输到各保护智能电子设备（Intelligent Electronic Device，IED），过程层网络由若干台以太网交换机互联构成。为实现来自不同 MU 的采样值同步，引入具有稳定且标准时间信息的参考时钟源，并通过过程层网络将时间信号传输给各 MU。智能终端通过 GOOSE（Generic Object Oriented Substation Event）报文

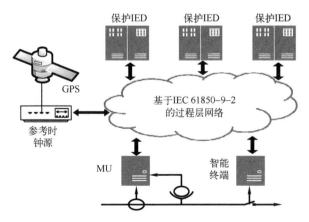

图 5-10　智能变电站继电保护的基本功能架构

向保护装置、合并单元上传一次系统的开关状态。保护装置通过 GOOSE 报文向智能终端传送保护跳闸命令，或进行保护装置间的联防闭锁。

通过上述智能变电站继电保护的基本功能框架，不难总结出智能变电站继电保护相较于传统微机保护具有如下新特点：

（1）信息传输通道网络化

为了实现信息共享，减少设备投资成本，智能变电站采用由光纤、交换机组成的过程层网络取代传统的电缆接线传输保护、控制信息。信息传输通道网络化特点出以下几个了特点组成：光纤、交换机的使用、逻辑连接关系取代物理连接关系、采样计算出口分离、就地采样、网络性能。当然，各个子特点的使用也给智能变电站带来了新的风险点。所有风险点分析均在下一小节中详细介绍。

（2）传输数据数字化

由于传输通道网络化的应用，所有的保护测控信息已转型为数字报文信息，在各 IED 设备中增加了报文的组包以及报文的解析这一额外的工作。

（3）变电站统一建模

为了使保护、控制信息能够正常地在过程层网络中传输，使各 IED 设备能够正常响应来自过程层网络的数据报文，必须要对智能变电站的通信系统、各 IED 设备、数据报文按照统一的标准（如 IEC 61850 标准）来进行建模，使通信系统与各 IED 设备、各 IED 设备与数据报文以及各 IED 设备之间能够实现互操作。

（4）软压板代替硬压板

为了使智能变电站更加智能地控制虚拟链路的通断，设置了若干功能软压板以及报文接收或发送软压板，取代传统的硬压板。

除智能变电站技术以外，还可在智能电网调度技术支持系统（D5000）进行稳态监测与调控，平行构建控制功能相对独立的实时、紧急、闭环安全综合防御体系，实现对电网运行风险预控、所有重要元件的全景状态感知、各种可控资源的多维协同控制，该保护框架如图 5-11 所示。

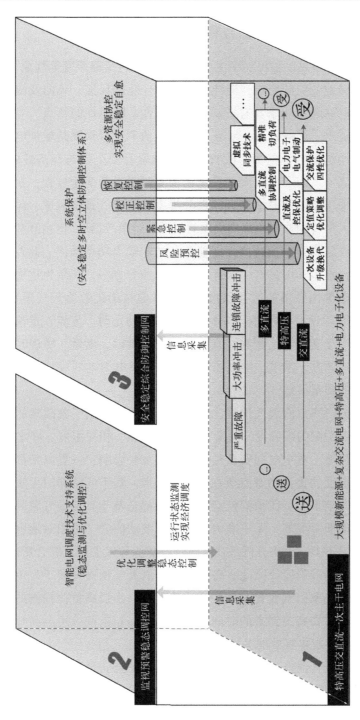

图5-11 特高压交直流系统保护框架

## 5.5.4　气象及能源大数据综合利用

风电场与光伏电站的输出功率主要由风速、风向及辐照度等气象要素决定。受大气环流及局地效应的影响，混沌的非线性变化的风速、风向及辐照度导致风电场及光伏电站输出功率具有波动性、间歇性、随机性的特点，对电网消纳大规模新能源提出了严峻挑战。对新能源输出功率进行预测是增加电网调峰容量、提高电网接纳新能源能力、改善电力系统运行安全性与经济性的最有效、最经济的手段之一。为了反映大气系统在预测时间内的变化过程，新能源发电功率预测需要采用新能源电站临近的高分辨率数值天气预报风速、风向及辐照度数据作为输入量（而非气象部门提供的粗糙分辨率数据），再由预测算法将数值天气预报的气象要素预报转换为新能源场站的输出功率预测。此外，水电站所使用的水文预报多采用具有一定理论基础的经验方法，其最为重要的降水量信息是基于气象部门做出的区县预报，尚未考虑精细化数值天气预报的作用，因此也需要采用高分辨率数值天气预报提供降水的定时、定点、定量预报，并将预报数据应用于实时水文预报，有利于提高对洪峰、洪量、峰现时间等的预报精度，为水库调度、发电、洪水控制和灌溉，及电力电网设施的防洪等工作提供更为可靠的预报信息。

精确的高分辨率数值天气预报，还可为负荷预测提供气象因素的未来变化信息，提高负荷预测的准确度。气象因素（如气温、相对湿度、降水等）对电网负荷的影响显著，对于电网安全经济运行有重要影响，一直以来都是电网负荷研究及电力调度的重点和难点所在。长期以来，鉴于气象部门无法提供实时温度等气象预测结果，负荷预测模型绝大多数都是基于日特征气象因素，诸如日最高温度、最低温度等，无法准确描述温度波动曲线，对相对湿度、风速等数据涉及的更是不多，无法分析每日不同时段受各种气象因素综合影响的特点，影响了负荷预测的准确度。因此，高精度的数值天气预报有利于为负荷预测提供更为精细化的气象因素变化时间序列，从而进一步提高负荷预测的精度。特别是有利于提前预知高温到来的时间，从而准确预知空调等用电高峰期的到来时间，为电网调度提供有效的关键信息。

目前的数值天气预报存在较大误差，还不能完全满足电力应用的需求，基于现场观测数据的集合-四维同化技术是提高数值天气预报精度的有效手段。然而，常规气象部门监测点均远离新能源电站及输变电设备，不能反映真实气象条件，目前仅有部分气象观测点，反映全网气象状况的气象监测网络尚未形成。但是，目前所有并网新能源场站及输电线路沿途都建设了专用的气象监测设备，结合气象部门的雷达、卫星及常规气象观测网络，可服务于电网运行的气象观测数据已呈现出"来源多样、体量巨大"的典型特征。但这些数据由于格式及结构迥异，尚未有效地开展统一集成应用，需研究多源气象观测数据集成技术，有效提高气象数据集成融合程度，全面支撑基于现场观测数据同化的数值天气预报。

此外，数值天气预报是一个非常消耗计算资源的模式系统，面临的主要困难在于计算量大、计算资源有限导致的计算时间过长。使用目前最为先进的中尺度天气预报模式对全国范围以 3 km×3 km 的分辨率实现预报，需计算的空间格点数量达 107 个，若建立适用于大规模新能源预测、灾害性天气预警的数值天气预报，需要消耗的计算资源将难以承担。云计算可将数字天气预报的计算任务分布到由大量计算机构成的资源集合上，使用户能够按需获取计算力、存储空间和信息服务。"云"的计算资源可自我维护和管理，无须用户参与，因此用户无须为繁杂的细节而过多耗费精力，能够更加专注于数值天气预报技术本身，有利于提高效率和模拟精度，也有利于降低成本和技术创新。基于以上技术需求，提出电力气象及应用平台相关的技术提案共 3 项，分述如下：

（1）多源异构气象数据集成技术

结合卫星遥测资料、新能源电站气象观测资料、输变电设备电力气象监测资料以及周边常规气象站资料等多源异构数据，构建满足高精度数值天气预报要求的电力气象观测网络；针对多源数据时间及空间差异，研究多源气象数据的分布特征及空间关联特性，并结合气象要素特性分析研究多源气象观测数据的审核和判定方法，以及研究多源气象观测数据的数据标识、数据清洗、数据还原等质量控制技术；研究针对卫星云图、气象雷达图等非结构化数据的处理和信息提取技术；研究针对各种以文本、文档形式的气象监测、卫星云图文本、雷达二次产品等半结构化数据的数据特征提取技术；研究半结构化和非结构化数据的归集和数据库建模技术。

（2）针对电网运行要求的定制化气象预报技术

显著降低大规模新能源、灾害天气等对电网运行的不利影响，提高电网运行的安全性和可靠性。分析电网运行不同环节中敏感的气象要素种类，并分析各类敏感气象要素的时空特征。针对新能源功率预测，研究可准确表征其出力的特征气象要素；针对电力气象灾害预警，分析灾害天气中气象要素特征，研究适用于电力气象灾害预警的参数化方案；针对影响电网运行的 200 m 以下边界层内大气运动特征，研究数值天气预报模式中垂直分层的底层加密技术；结合电网运行不同环节的特征气象要素分析结果和不同地区的地形、气候特征，研究边界层、陆面过程、积云对流和辐射传输等物理参数化方案的敏感性，确定最优配置；研究多源异构气象观测资料的实时四维同化技术，建立基于实时四维同化技术的、针对电网运行要求的定制化数值天气预报系统。

（3）一体化数值天气预报精细化预报技术

针对单一的数值天气预报中心难以提供覆盖全网的高精度数值天气预报的问题，研究基于"超级云计算"的数值天气预报动力降尺度技术，建立以高性能数值天气预报中心为主云，各区域应用机构为子云，提高高精度数值天气预报的实用化水平；研究数值天气预报模式的云平台架构方法以及区域划分方法，为区域应用机构架设子云预报平台提出具体的实施方案。

## 5.6 大规模可再生能源集中消纳的技术发展方向

### 5.6.1 柔性直流输电技术

2000 年以来，ABB、SIEMENS 等跨国公司先后开发了电压源换相高压直流输电技术（Voltage Source Converter-High Voltage Direct Current，VSC-HVDC），并迅速得到了推广应用。采用 VSC 的柔性直流输电技术也得到了迅速的发展。柔性直流输电可灵活控制有功功率、无功功率，并且能轻易实现潮流反向。相比于传统的基于晶闸管的 LCC-HVDC，基于 VSC-HVDC 的柔性直流输电具有换流站之间控制调节的相对独立、直流端电压极性不会改变、与交流电网高度解耦、有功无功可独立控制、易于实现潮流反转、可向无源网络供电、可为交流系统提供无功支持、占地面积小等优点。随着可再生能源发电的发展及用户对电能要求的不断提高，电网结构同时面临发电端与用电负荷的随机性波动。传统交流电网采用无功补偿稳定电压，依靠交流断路器实现潮流调整，已难以满足可再生能源发电和负荷随机波动性对电网快速反应的要求。而在柔性直流输电技术中，电压源换流器可以限制电压波动；基于电力电子技术的直流断路器可毫秒级分断电流，配合运行控制系统可以实现潮流的快速调整。柔性直流输电技术利用 IGBT 元件的可关断特性，能够分别对有功和无功功率进行独立控制，实现换流器四象限运行，运行方式更灵活，系统的可控性更好，可以充分实现多种能源形式、多时间尺度、大空间跨度、多用户类型之间的互补，是未来广域互联能源网的重要发展方向。

因此，基于 VSC-HVDC 技术的柔性直流输电技术是高比例消纳集中式可再生能源的重要技术方向。但是，目前受全控功率电力电子器件容量的限制，VSC-HVDC 技术还不能完全满足远距离、大容量电力输送的要求，在建设成本、运行经验及可靠性、换流站损耗方面与 LCC-HVDC 比还不占优势。因此在今后的一段时间内，可再生能源集中消纳并实现远距离传输仍然要靠 LCC-HVDC 与 VSC-HVDC 技术共同构建，VSC-HVDC 主要融合可再生能源，远距离输电则更多依靠传统直流输电技术完成。

## 5.6.2　大容量储能技术

据预计，到 2020 年我国累计并网风电装机容量将达 200 GW，太阳能发电装机将达 50 GW。大容量储能技术应用于风电、光伏发电，能够平滑功率输出波动，降低其对电力系统的冲击，提高电站跟踪计划出力的能力，为可再生能源电站的建设和运行提供备用能源。大容量储能技术的关键不是简单的储存电能，其核心在于何时储能，何处储能，以何种速度储能释能，以及收集和释放电能两种状态的替换频率。大容量储能技术在大电网的可再生能源优化配置中的应用价值主要体现在以下 2 个方面：

1）可靠的储能系统与可再生能源发电相结合，可以有效改善可再生能源发电的输出电压和频率质量，使其能够作为可调度机组单元运行，实现与大电网并网运行时的可靠性，在必要时向电网提供削峰、紧急功率支持等服务。

2）能够在可再生能源发电装置不能正常工作的情况下起到过渡的作用，持续向用户供电。

与其他能源相比，大容量的储能系统还具有很多常规机组无法比拟的优点：

1）储能系统在电网负荷低谷的时候可作为负荷从电网获取电能充电，在电网负荷峰值时改为发电机方式运行，向电网输送电能，有助于减少系统输电网络的损耗，具有调峰填谷双重容量效益；而且储能型电源启停灵活，可快速跟踪负荷变化，减小负荷波动对系统其余部分的影响，提高系统的可靠性。

2）提高其他大型常规机组的运行效率。利用储能系统的快速充放电功能，可减少或避免常规机组的频繁启停，使其运行在比较经济的出力区间，从而降低火电的调峰率，提高经济性和安全性，延长机组寿命。

3）负荷频率控制。储能型电源的作用类似于摇摆母线，可根据负荷的常规波动，通过与电力电子变流技术相结合实现高效的功率动态调节，很好地适应频率调节和功率因数的校正，保证系统频率质量，提高系统的运行稳定性和整体经济效益。

### 5.6.3 适应大规模可再生能源接入的大电网调度技术

#### 1. 虚拟同步机

国民经济的快速发展对智能电网提出了安全可靠、优质高效、灵活互动的 3 大目标，其核心内容之一是使电网具有更高的供电可靠性，具有自愈（重构）功能，最大限度减少供电故障对用户的影响。面对高比例可再生能源的接入，未来电网架构将发生较大变化，稳定问题也越来越突出。电力系统稳定问题包括功角稳定、电压稳定和频率稳定，它们对于电网安全运行至关重要。风机和光伏发电（无论集中式或分布式）均通过常规电力电子装置并网，由于难以参与电网调节，故无法为电网稳定提供支撑。与火电等同步发电机相比，国内的风电、光伏等新能源发电尚不具备惯性调频、自主调压、阻尼功率振荡的能力，故障应对能力差，大规模接入电网后，将影响电网的功角、电压和频率稳定性。风电、光伏通过虚拟同步机接入电网，一是能够主动参与一次调频、调压，提供一定的有功和无功支撑；二是能够提供惯性阻尼，有效抑制频率振荡。这样可使新能源具备与火电接近的外特性，对电力系统的 3 大稳定起到支撑作用，是解决新能源发电"先天不足"问题的有效手段。

围绕分布式电源并网的关键技术，我国已开展了从理论到方法、从样机开发到实验验证、从单机并网到多机协调控制的全方位虚拟同步机技术研究，取得了一系列具有自主知识产权的创新成果，创新发展了虚拟同步机技术的理论方法，突破了虚拟同步机单机设计与多机协调控制关键技术，成功自主研制了国内首套"50 kW 虚拟同步机"样机，基本解决了虚拟同步机单机设计和多机并联的瓶颈问题。但目前研究仍局限于样机，虚拟同步电机实用化技术仍需进一步开展，特别是单机和多机协同自适应控制、安全防护、信息互联以及大容量样机研制，仍需结合实验室和试点工程继续开展实际应用研究。

张北风光储基地正在开展包含风机 118 MW、光伏 62 MW、储能 5 MW，总容量 185 MW 的虚拟同步机示范工程建设，属于电站级虚拟同步发电机技术范畴，能够为建设新能源电站提供典型示范，逐步建立采用虚拟同步机与储能实现新能源友好并网的标准模式，对于促进新能源的大规模开发与利用具有重要意义。

因此，我们应该把握示范工程建设契机，以前期研究成果为基础，围绕虚拟同步发电机核心技术，全面突破数十千瓦虚拟同步发电机产品和实用化功能体系设计以及复杂电网环境下自适应接入关键技术，攻克 500 kW 虚拟同步机样机试制关键技术，并建立国内首个虚拟同步机多机接入试点，为实现清洁能源规范有序、就地同步实现消纳提供全面技术支撑。

（1）攻克几十千瓦小容量虚拟同步机从实验室样机到产品化应用的技术

建立多虚拟同步电机与同步电网融合的基础理论，通过构建分布式发电虚拟同步发电机运行、电动汽车虚拟同步电动机运行、储能发电整流/逆变双向运行机制，提出虚拟同步电机集群特性分析方法，针对接入电网面临的实际问题，提出具有自适应惯性和阻尼的虚拟同步电机控制方案，降低虚拟同步电机对电网和临近电源的冲击；提出考虑正/负序、多频率点的差异化自适应阻抗控制策略，降低电源阻抗对配网的影响；开发基于自适应电势重构的虚拟同步电机并网控制保护技术，建立虚拟同步电机故障穿越和安全保护控制策略，实现容量不对称、阻抗不匹配异构互联对等控制前提下多虚拟同步电机集群协调控制，提出虚拟同步电机惯性和阻尼量化分析实验方法，解决虚拟同步电机单机接入和集群接入配电网所面临的若干实际技术问题。

（2）研制 500 kW 虚拟同步电机样机，建设虚拟同步电机多点集群接入配电系统示范工程

重点验证虚拟同步电机自适应电压、自适应阻抗接入、追踪同步电网、抑制电网扰动、故障穿越、多机并联均流和无缝切换的实际效果，清晰反映虚拟同步电机与配电网的阻抗关联耦合特性，选择合适试点搭建虚拟同步电机多点接入配电系统示范应用平台。

**2. 发电调度与负荷调度协调运行**

随着智能电网的全面建设，负荷呈现多样化特点且可控能力大大增强，这将在提升特高压电网调节能力、平衡可再生能源波动性等方面发挥重要作用，成为保障全球能源互联网安全可靠和经济高效运行的重要手段。因此，将需求侧资源纳入调度和控制体系参与电网运行和控制，充分利用需求侧资源在不同

时间尺度上的响应能力和响应特性来提升电网正常工况下的调节容量和事故情况下的快速调节能力，将是一种极具发展潜力的调控模式。电源、电网和负荷3者间进行协调互动，以利用全网的可调节资源来经济高效地提升间歇式能源的接纳能力，电源、电网和负荷互动调度和控制将成为智能电网的重要发展方向。例如通过峰谷电价、阶梯电价等电价政策激励用电侧资源进行削峰填谷、平衡电力以及节能减排，利用可中断负荷作为电网可调度的紧急备用"发电"容量资源，快速响应频率和主动调整母线电压而变化的负荷可以参与电网功率/频率控制，以补偿机组快速调节能力的不足。

总的来说，需求侧资源的主动调节不仅能够平抑峰谷、提高效率、吸纳新能源、提高一次设备的利用率、减少损耗，而且还可改变潮流的方向，减少阻塞和线损等。这不仅形成了全新的商业机会，也带来了运营模式和运行控制技术的变革。迫切需要研究负荷调度与发电调度协调运行的相关技术需求和关键技术，以促进电网从"发电跟踪负荷"的单向调度模式发展到负荷调度与发电调度协调运行的智能互动调度模式。对应这种智能互动调度模式，有以下的关键技术：

（1）负荷调度相关信息通信支撑技术

负荷调度提供了一种全新支持电网运行的控制模式，为电网资产与资源的优化配置创造了新的机会。然而，现有 AMI 不满足调频服务秒级的、可再生能源分钟级的通信要求，需要实现负荷调度高速双向的通信能力，以支持快速变化的控制信号及信息交互。此外，现有通信网络的信息传输技术无法满足广域互动环境下分布式的新能源、储能设备和可控负荷等大规模接入形势下的海量数据双向传输、设备状态感知、数据挖掘与有效数据筛选等方面的要求，需要建立适应复杂互动环境的信息通信技术及网络架构设计理论和方法。与传统电网相比，如何实现互动环境下海量数据信息的智能管理、泛在数据的共享及多级数据的高效协同分析处理也是难点之一。

（2）多时空尺度负荷调度互动机制

负荷调度互动机制是需求响应资源发挥作用的重要保障。从时间尺度上来说，需求响应分为中长期、短期和实时；从空间尺度上来说，需求响应分为本地需求响应和空间需求响应；从响应方式和实施机制上来说，需求响应分为分时电价、实时电价、尖峰电价等基于价格的需求响应和直接负荷控制、可中断负荷、紧急需求响应等基于激励的需求响应。

在正常情况下，可采用电价型机制（如分时电价、实时节点电价、尖峰电价、阶梯电价等）研究不同电价策略下需求响应资源的响应特性；也可采用负荷控制、可中断负荷、紧急需求响应、辅助服务等不同需求响应类型的调度激励机制。在故障情况下，将负荷主动响应以及需求响应等负荷资源纳入全网功率统一调度，有利于在事故情况下减少切负荷数量，保证频率稳定，如特高压直流闭锁、受端电网发生大功率缺额后，随着频率的降低，一旦低于事先给定的起动阈值，频率响应负荷和电压响应负荷也可参与快速响应。

（3）计及需求响应的发用电协同调度关键技术

从需求侧资源参与调控的不确定性、多周期响应特性、激励响应特性、时空分布特性等 4 个方面描述不同类型的需求侧资源参与调度的行为模式和影响。需要研究不同种类需求响应资源的日前调度模型和日内滚动修订算法。考虑全方位需求响应资源的响应特性模型，通过多代理参与日前调度，构建需求响应资源参与日前调度的模型；研究不同系统最优备用容量确定方法对日前调度结果的影响；研究需求侧和发电侧资源在日前调度中的优化配置，实现需求响应容量的柔性配置。研究发用电一体化的日内调度计划与日前调度计划的协调，以及日内调度计划与实时调度计划的协调，包括机组启停状态和机组出力的协调、需求响应调用方案协调；建立日内/实时调度计划滚动修订模型；制定日内/实时发电计划和需求响应资源调用计划方案；研究兼顾计算效率和鲁棒性的日内滚动调度优化算法。

（4）事故情况下负荷控制关键技术研究

将负荷主动响应以及需求响应等负荷资源纳入全网功率统一调度，有利于在事故情况下减少切负荷数量，保证频率稳定。

特高压直流闭锁，受端电网发生大功率缺额后，发电机调速器快速响应完成一次调频，调整速度快，但调整量随发电机组不同而不同，且调整量有限。随后 AGC 动作实施二次调频，同时通过修改实时发电计划，将在线机组调整到最大出力，其调节能力受机组旋转备用水平限制。如果发电出力还是不够，则快速起动系统内水电机组、抽水蓄能机组和燃气机组，甚至起动常规火电机组，实现电网功率平衡。对于负荷侧而言，受电网断面最大输电功率等安全因素限制，故障发生后安全自动装置会迅速切除部分负荷。随着频率的降低，一旦低于事先给定的起动阈值，频率响应负荷和电压响应负荷则快速响应。如果负荷的主动响应仍不能阻止频率跌落，需要调用直接负荷控制需求响应资源，启动事先制定的有序用电方案，并根据需要启动可中断负荷需求响应。上述发电和负荷的部分调节措施只有在发生重大事故、频率严重降低的情况下才有可能发生，如果控制得当，只需前面几种控制策略即可恢复频率稳定。

（5）需求响应调度评估指标体系研究

研究需求响应调度评估指标分类，并从时间、空间、考核对象多维度上对指标类型进行分解；从响应特性、响应过程、响应效果、响应履约度等方面构建多维、多层级的量化指标，形成适合于需求响应调度的综合评估指标体系；结合不同需求响应调度的场景，对评估指标的合理性进行验证。分析影响需求响应资源互动效益的影响因素，研究互动效益的成本结构；研究需求响应资源互动效益评估模型，提出各种互动效益的量化分析方法；设计需求响应资源互动效益的评估指标体系，从安全性、经济性、可靠性、节能性等不同主题，从年度、月度、日前、实时等不同时间尺度，从电网企业、发电企业、需求响应资源等不同市场主体，对需求响应互动带来的效益进行全面评估。

需求侧柔性负荷作为负荷，在参与电网运行时还需满足自身的用电需求，因此其参与电网运行调控需要一定的提前通知时间、也具有一定的响应延迟时间。根据响应时序可分为日前响应负荷、日内小时级响应负荷、日内分钟级可调节负荷和秒级可控负荷。柔性负荷的响应具有一定的不确定性，特别是基于电价的自发响应，不确定性更强，但总体来说，日前预测的不确定性最大，时间尺度越小，越接近实时，不确定性越小，但可发生响应的柔性负荷类型也变得非常有限。此外，基于柔性负荷用电特性，可将其分为 3 类：一是可转移负荷，即在一个调度周期内总用电量不变，但用电特性灵活，用电量可在各时段灵活调节；二是可平移负荷，即受生产流程约束，只能将用电曲线在不同时段间整个平移；三是可削减负荷，即可根据需要对用电量进行一定削减。

综上所提的相关技术，下面从正常工况和事故工况两方面分析负荷调度与发电调度的协调运行方案。

在电网正常运行工况下，基于"多级协调，逐步细化"的思路，可设计多时间尺度源-荷互动调度模式，将负荷调度的整个过程分为 4 个时间尺度，包括日前负荷调度、日内小时级负荷调度、日内分钟级负荷调度和实时负荷控制，各时间尺度需求响应调度资源实现解耦，但各级调度的控制目标之间存在着耦合关系，需协调控制，如图 5-12 所示。

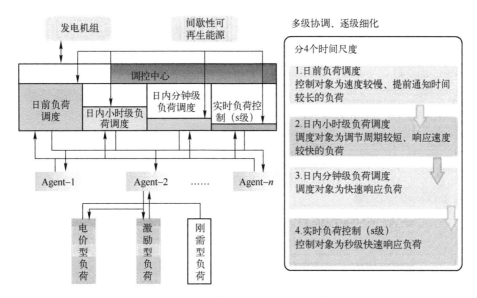

图 5-12　负荷多时间尺度调度架构

如图 5-13 所示，在事故情况下，频率响应负荷、电压响应负荷、直接负荷控制、可中断负荷等资源在时序上可相互协调，其中，频率响应负荷和电压响应负荷能够秒级快速响应电网频率变化，应对电网突发故障。频率响应负荷是用电设备利用自身控制装置自动监测并判断频率变化，快速调整运行状态以减少用电量，包括开/关型和温控型两种模式。电压响应负荷是基于负荷电压静特性来适当降低母线电压、减少负荷有功消耗。频率响应负荷电压响应负荷在应对频率事故和电网高峰负荷中具有很好的潜力。以最高负荷为 200 GW 的某区域电网为例，通过前期调研和潜力分析可以知道：安装智能开关后，其频率响应负荷总量可高达 66 GW，调节 1 档母线电压电压响应负荷量也达到 1.2 GW。

总的来说，在正常工况下，多时间尺度负荷响应调度有利于实现电力系统的移峰填谷和高效运行；在紧急情况下，电压响应负荷控制和频率响应负荷控制可有效提升特高压互联大电网的快速调节能力。相关市场政策和激励机制还需进一步完善。

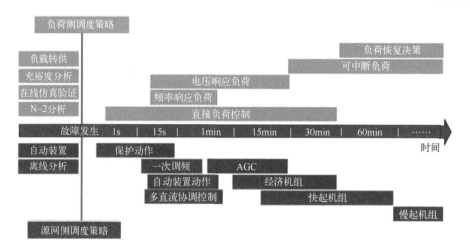

图 5-13　事故情况下的负荷调度时序

## 5.7　本章小结

本章围绕远距离输电能力提升、大电网安全稳定运行、大规模可再生能源集中消纳 3 个目标，分析了基于电网的广域互联能源网的形态特征、技术需求和关键技术发展方向。

1）远距离输电能力提升方面，技术发展方向为特高压交流输电技术和特高压直流输电的研究。

2）大电网安全稳定运行方面，技术发展方向为开展基于运行轨迹的电力系统稳定分析与控制研究，开发新一代特高压交直流系统仿真平台，进一步研发交直流电网系统保护技术、气象与能源大数据综合利用技术。

3）大规模可再生能源集中消纳方面，技术发展方向为柔性直流输电技术，大容量储能技术，适应大规模可再生能源接入的大电网调度技术（如虚拟同步机、发电调度与负荷调度协调运行等）。

## 参考文献

[1] 张茉楠. 应将能源互联网上升为国家战略 [J]. 证券时报，2014. 9.

# 第6章 区域与用户级智能能源网

区域与用户级智能能源网作为智能电网与能源网融合的典型场景之一，是用户终端集分散式能源生产、传输、转换、存储、消费于一体，电、热、冷、气多能流耦合，广泛结合信息技术，实现分布式能源就地消纳的终端用能新模式。面向分布式可再生能源迅速发展和节能减排需求凸显的现状，智能能源网将在多能流耦合的基础上，借助多能互补的优势，实现可再生能源分布式就地消纳和终端能源利用效率的提升。围绕以上目标，本章将对我国建设智能能源网的必要性及智能能源网的形态特征进行阐述，并重点分析智能能源网的技术需求及其技术的发展方向。

## 6.1 现状及发展趋势

能源是人类赖以生存和发展的基础，是国民经济的命脉。随着传统化石能源的逐渐枯竭及环境污染问题的日渐加剧，人们开始对现有的能源生产和消费模式进行反思。

在能源生产方面，各国均致力于以可再生能源逐步替代化石能源，实现可再生清洁能源在一次能源生产和消费中占更大份额，建立可持续发展的能源供应系统。在我国，按照国家可再生能源发展"十二五"规划，2020 年我国风电、太阳能发电并网装机容量将分别达到 2 亿 kW 和 5000 万 kW 水平，但由于风电、太阳能发电等可再生能源具有波动性和随机性等特点，其大规模电力外送对电网的输送和接纳能力是一个大的挑战。分布式电源高效利用是国内外当前关注的一个热点，受到了各国政府、产业界、学术界持续的关注[1]。对于分布式可再生能源的有效利用方式是分布式的"就地收集，就地存储，就地使用"，而发展智能能源网是实现分布式可再生能源规模化开发和有效利用的重要方向。

在能源消费方面，各国开始对电、气、热等各种形式能源的综合高效利用进行研究。发展智能能源网，对实现不同能源间的协调互补和能源的梯级利用、提升能源利用效率具有重要的支撑作用，是缓解能源发展过程中日益凸显的能源需求增长与环境保护之间矛盾的必然选择。

在能源发展的经济性与环保性博弈过程中，以智能能源网为代表的新型能源体系的研究与建设成为了发展的必然，智能能源网的思路是以分布式开发、本地化高效利用的能源网系统，取代集中生产、被动消费的传统能源网；以用户为中心，让用户真正参与，在需求侧管理的基础上加强响应，实现负荷的削峰填谷、供需并重。智能能源网是一种能源综合利用的能源网络，它以能源的优化利用为导向，是与能源互联网有机链接的智能化区域能源生产、使用、存储、调度、控制的系统，是能源互联网的基本组成部分。相比于能源系统独立运行，智能能源网可通过能量存储和优化配置，实现本地能源生产与用能负荷基本平衡，实现风、光、天然气等各类分布式能源多能互补，并可根据需要与公共电网灵活互动[2,3]。

# 6.2　智能能源网的形态特征

智能能源网是通过能源的生产、传输、分配、转换、存储、消费等环节有机协调与优化后所形成的能源产供销一体化系统。涉及能源生产、输送、分配和消费等环节，将电、热、冷、气等各种能源通过各类能源转换器实现物理上的连接与交互，是多种能源高度耦合的能源资源利用和能量循环系统[4,5]，如图6-1所示。智能能源网主要包括以下两个部分：区域级智能能源网和用户级智能能源网。

（1）区域级智能能源网

区域级智能能源网由智能配电系统、中低压天然气系统、供热/冷/水系统等供能网络耦合互连组成，起到能源传输、分配、转换的"承上启下"作用，以主动配电网、混合储能、能源转换等技术为核心，能源系统之间存在较强耦合。

（2）用户级智能能源网

用户级智能能源网是以智能用电系统、分布式/集中式供热系统、供水系统等网络耦合而成，以需求响应、负荷预测、电动汽车等技术为核心，因耦合设备的广泛存在以及能源转换、存储等技术的广泛应用，不同类型能源间存在深度耦合关系。

区域与用户级智能能源网由社会供能网络、能源交换环节和广泛分布的终端综合能源单元系统构成，它将电力、燃气、供热/冷、供氢等多种能源环节与交通、信息等社会基础支撑系统有机结合，通过系统内多种能源之间的科学调度，实现能源高效利用、满足用户多种能源梯级利用、社会供能安全可靠等目的，如图6-2所示。

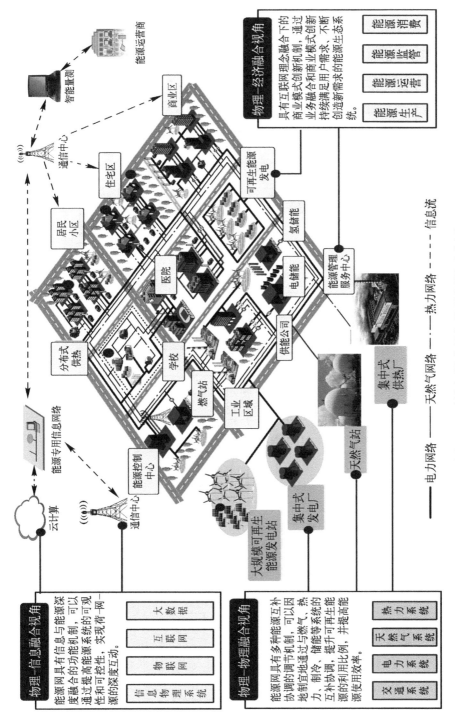

图6-1　区域与用户级智能能源网示意图

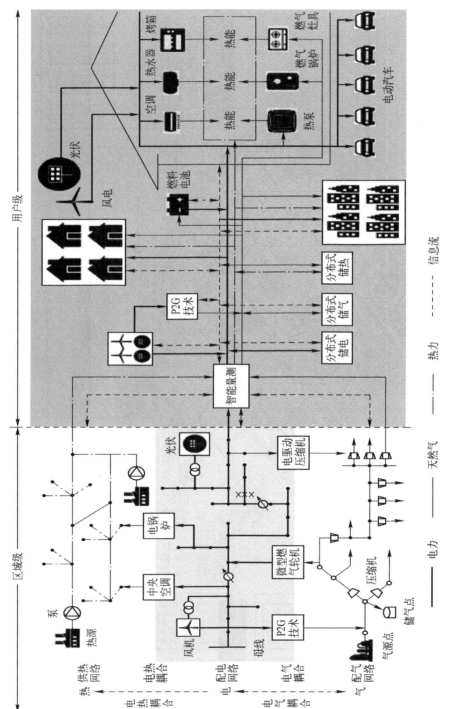

图6-2 区域与用户级智能能源网的构成形态

同时，通过多种能源系统的有机协调，有助于消除输配供电系统瓶颈、延缓发/输/配电系统建设，提高各能源设备利用效率；当电力或燃气系统因天气或意外灾害出现中断时，可利用本地能源实现对重要用户的不间断供能，并为故障后供能系统的快速恢复提供支撑。相对于传统的能源系统，区域与用户级智能能源网有以下特点：①能源形式的多元化和分布式可再生能源的高比例应用；②用户既是能源的生产者又是能源的消费者；③需要更为灵活的能源潮流分布和多源间的协同调度支持；④需要海量数据量测处理和应用；⑤用户与能源供应系统间互动大为加强。

# 6.3　区域与用户级智能能源网的技术需求

## 6.3.1　多能流耦合的关键支撑技术与设备

### 1. 分布式发电

分布式发电（Distributed Generation，DG）也称分散式发电，一般指将相对小型的发电/储能装置（50MW 以下）分散布置在用户（负荷）现场或附近的发电/供能方式。分布式电源（Distributed Generating Source，DGS）包括功率较小的内燃机（Internal Combustion Engines）、微型燃气轮机（Micro-turbines）、可再生能源（如光伏电池和风力发电）等。

微型燃汽轮机是以天然气、甲烷、汽油、柴油为燃料的超小型汽轮机。其发电效率可达 30%，如实行热电联产，效率可提高到 75% 以上。微型燃气轮机的特点是体积小、重量轻、发电效率高、污染小、运行维护简单。它是目前最成熟、最具有商业竞争力的分布式发电电源。

光伏电池是将可再生的太阳能转化成电能的一种发电装置。国外开发的屋顶式光伏电池发电技术已得到广泛的关注。德国最著名的 2000 户屋顶工程（2000 Roof Project），超过 2000 户家庭安装了屋顶式光伏发电装置，平均每个分布式发电单元发电量达 3 kW。虽然光伏电池与常规发电相比，有技术条件的限制，如投资成本高、发电功率的随机性变化等，但由于它利用的是可再生的太阳能，因此其前景依然被看好。

风力发电机组从能量转换角度分成两部分：风力机和发电机。风速作用在风力机的叶片上产生转矩，该转矩驱动轮毂转动，通过齿轮箱高速轴、制动盘和联轴器再与异步发电机转子相连，从而发电运行。它最有希望的应用前景是用于无电网的地区，为边远的农村、牧区和海岛居民提供生活和生产所需的电力。风力发电技术在新能源领域已经比较成熟，经济指标逐渐接近清洁煤发电。

**2. 能源存储**

能源储能设备能够协调集中式及分布式能源生产，在支撑高比例可再生能源发电电网的运行、提高多元能源系统的灵活性和可靠性、为多元能源系统能量管理和路径优化提供支持、提高能源交易的自由度方面具有积极作用。大规模分布式储能设备能够协调集中式能源生产，参与广域能量管理，为能源生产和传输提供"能量缓冲"，维持系统供需平衡。储能与能源转换装置相互配合能够维持系统经济高效运行，能源管理系统根据储能的状态及供需预测信息，结合能源价格信息，对局域网内能源的生产和消耗进行决策，从能源市场购买或卖出能量。区域与用户级能源网中的储能不仅包含实现电能双向转换的设备（如抽水储能、压缩空气储能、飞轮储能、电池储能、超级电容器储能、电动汽车等），还应包含其他形式能源的存储设备（包括储热、储气等），通过电储能、储热、储气等储能技术能够实现电网、交通网、天然气网、供热供冷网的"互联"，如图6-3所示。储气技术主要有储气罐储气、地下储气罐储气、管道储气、压缩天然气储气等，而储热技术包括显热存储、相变储热、化学反应热存储等。未来天然气固态储存技术、地下储热技术等新型存储技术将会推动天然气和热能存储的发展。

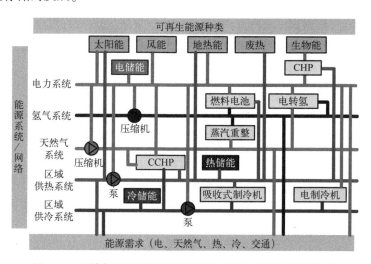

图6-3　区域与用户级智能能源网中的能量存储和转化技术

### 3. 能源转换设备

智能能源网中不同能源系统之间存在大量能源转换设备，这使得电、气、热等可以在彼此之间产生相互转化；能源转化与存储技术的有机配合可提高能源供给的灵活性、可靠性与经济性[6]。具体来说，能源转换方式主要有以下 3 种：电力-天然气之间转化、电力-热能之间转化和天然气-热能之间转化。电力-天然气转化主要体现在以微型燃气轮机和电力转天然气（Power to Gas，P2G）技术为代表的设备，微型燃气轮机将天然气的高品位能量用于发电，低品位能量进行供热供冷。电转气设备在电负荷低谷或可再生能源出力高峰期将多余的电能转化为天然气或氢气，在电力短缺时，将存储的气体转化为电能或热能提供给用户，从而提高了系统对可再生能源的消纳能力，如图 6-4 所示。热电联产、热泵、电锅炉、浸入式加热器等技术促进了电力系统与热力系统之间的能量转化。在终端用户中，电-热转化组件主要以热水器、空调等温控负荷的形式存在，体现了电热之间能量转换与民众生活息息相关。正处在研究阶段的基于热耦合效应的新型电池是新兴的电-热转化组件，它能利用低温热量进行发电，能够促进电网和热力网络的耦合。燃气锅炉是天然气系统与热力系统的重要转化组件，燃气锅炉通过天然气燃烧释放出的热能，然后通过传热过程把能量传递给水，使水变成水蒸气，直接为生产和生活提供所需的热能。

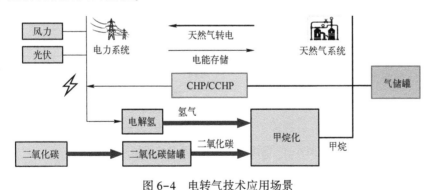

图 6-4　电转气技术应用场景

### 4. 能源传输

能源传输领域关注的重点问题包括提高输送容量、降低输送损耗和增加输送距离等[7]。但当前电力、热力和天然气传输网络都是封闭运行的，单个能源系统中往往存在着系统单一、能源利用率不高、经济性欠佳等缺点。通过多种能源协同传输，可以克服常规能源的时空差异问题，实现多能源系统的耦合平衡，在能源终端若能以联合输送模式满足用户多样化能源的需求，也能减少由于多级能源转换带来的能耗，更有效地实现节能。

在相关研究中，能源互联器较为成熟，它可以实现电能、化学能和热能在同一装置下进行长距离柔性传输，如图6-5所示。能源互联器是一种联合传输装置，它包含一个中空的电导体，其周围还有天然气等化学物质。该模型建立在大量流体分析、微分方程与偏微分方程的求解，化学、热力、电力、天然气等能源系统传输模型提取归纳的基础上。能源互联器模型与能源集线器模型的有机组合可以构建未来能源网的基本框架。多能源联合传输的主要动机是利用废热回收，提高传输效率。在传输中，电导体中产生的部分热损失由传输介质存储，这种热量可以在线路的末端被回收；气流也起到冷却电导体的作用。与传统的单能源传输线进行比较，能源互联器的优点主要体现在以下几点：①适用于多区域等级、多种能源，有较强通用性；②简化了能源网络和能源终端设施的规划与布局，也为耦合组件的能量来源提供便捷；③提高线路存储能力以及效率，废热得到重新利用。

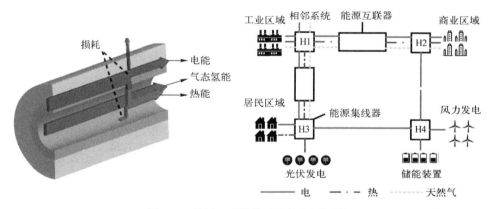

图6-5　能源互联器模型及其应用场景

**5. ICT关键设备**

（1）智能电表

智能电表是以微处理器应用和网络通信技术为核心的智能化仪表，具有自动计量/测量、数据处理、双向通信和功能扩展等能力，能够实现双向计量、远程/本地通信、实时数据交互、多种电价计费、远程断/供电、电能质量监测、水/气/热表抄读、与用户互动等功能。以智能电表为基础构建的智能计量系统，能够支持智能电网对负荷管理、分布式电源接入、能源效率、电网调度、电力市场交易和减少排放等方面的要求。智能电表有如下功能：

1）结算和账务。通过智能电表能够实现准确、实时的费用结算信息处理，简化了过去账务处理上的复杂流程。在电力市场环境下，调度人员能更及时、便捷地转换能源零售商，未来甚至能实现全自动切换。同时用户也能获得更加准确、及时的能耗信息和账务信息。

2）电能质量和供电可靠性监控。采用智能电表能实时监测电能质量和供电状况，从而及时、准确地响应用户投诉，并提前采取措施预防电能质量问题的发生。传统的电能质量分析方式在实时性和有效性上都存在差距。

3）负荷分析、建模和预测。智能电表采集的水、气、热能耗数据可以用来进行负荷分析和预测，通过将上述信息与负荷特性、时间变化等进行综合分析，可估算和预测出总的能耗和峰值需求。这些信息将为用户、能源零售商和配网调度人员提供便利，促进合理用电、节能降耗以及优化电网规划和调度等。

4）电力需求侧响应。需求侧响应意味着通过电价来控制用户的负荷及分布式发电。它包括价格控制和负荷直接控制。价格控制大体上包括分时电价、实时电价和紧急峰值电价，来分别满足常规用电、短期用电和高峰时期用电的需求。负荷直接控制则通常由网络调度员根据网络状况通过远程命令来实现负载的接入和断开。

5）能效监控和管理。通过将智能电表提供的能耗信息反馈给用户，能促使用户减少能源消耗或者转换能源利用方式。对于装有分布式发电设备的家庭，还能为用户提供合理的发电和用电方案，实现用户利益的最大化。

6）节能。为用户提供实时能耗数据，促进用户调整用电习惯，并及时发现由设备故障等产生的能源消耗异常情况。在智能电表所提供的技术基础上，电力公司、设备供应商及其他市场参与者可以为用户提供新的产品和服务，例如不同类型的分时网络电价、带回购的电力合同、现货价格电力合同等。

（2）智能传感器

智能能源网结构复杂、分布面广、设备众多，存在各种各样的隐患，需要对这些环节进行持续监测，及时排除影响系统运行的因素才能保障能源网的正常运行。传感器就是实现智能能源网现场信息采集和状态监测、获取运行隐患的必要手段。

随着技术的发展，传统传感器已形成一套成熟的理论和技术，如应变式传感器、电感式传感器和压电式传感器等，在电力系统、工业自动化、石油化工和计算机等领域广泛应用。而一些新型传感技术，如光纤传感器、CCD 传感器等，近些年发展较快，多数技术指标优于以前的传感器，又有耐高压、抗电磁干扰等优点，具备广泛的应用前景。

智能传感器的发展趋势有如下特点：

1）智能化。两方面发展方向一同迈进：一个发展方向是各式各样的传感功能与信息数据存储、处理及双向通信等的集成；另一个发展方向是软传感技术，也就是人工智能技术与智能传感器技术的有机融合。

2）可移动化。无线传感网技术的应用越来越快，无线传感网技术的核心在于打破节点资源的束缚，同时有效满足传感器网络容错性、扩展性等需求。

3）集成化。传感器技术集成化可划分成两方面：一方面是相同种类、传感器的集成，一方面是传感器多功能的一体化。

4）多样化。新材料技术的发展为各种新型传感器的诞生创造了有利的契机。其中，新型敏感材料为传感器技术提供了良好的基础，材料技术制备为改善性能、技术升级及成本控制提供了有效途径。

5）微型化。微机电系统传感器是借助微电子和微机械加工技术制造而成的一种新型传感器，伴随集成微电子和机械加工技术的快速发展，微机电系统传感器把半导体加工技术带进传感器研发制备中，以达到规模化生产的目的，同时有效地促进了传感器微型化的发展。

综上，多能流耦合的关键设备见表 6-1。

**表 6-1　多能流耦合的关键技术与设备**

| 对　比　项 | | 电　网　侧 | 天然气网侧 | 热　网　侧 |
|---|---|---|---|---|
| 分布式发电 | 当前 | 微型燃气轮机、燃料电池、光伏电池、风力发电等 | | |
| | 未来 | 在当前基础上，降低设备成本、提高设备效率、增加设备使用范围 | | |
| 能源存储 | 当前 | ■ 抽水储能<br>■ 压缩空气储能<br>■ 飞轮储能<br>■ 电池储能<br>■ 超导电磁储能<br>■ 超级电容器储能 | ■ 储气罐储气<br>■ 地下储气罐储气<br>■ 管道储气<br>■ 压缩天然气储气 | ■ 显热存储<br>■ 相变储热<br>■ 化学反应热存储 |
| | 未来 | ■ 电动汽车 V2G 技术<br>■ 液流电池 | ■ 天然气固态储存技术 | ■ 地下储热技术 |

（续）

| 对　比　项 | | 电　网　侧 | 天然气网侧 | 热　网　侧 |
|---|---|---|---|---|
| 能源转化 | 当前 | ■ 气-电/热：CCHP<br>■ 气-电：燃料电池<br>■ 气-热：燃气锅炉、燃气热水器<br>■ 电-热：电锅炉、中央空调、电热水器 | | |
| | 未来 | ■ 电-气：电转气（Power to Gas, P2G）技术<br>■ 热-电：基于热耦合效应的新型电池 | | |
| 能源传输 | 当前 | 电力网络（特高压输电、柔性直流输电等） | 天然气管网 | 热力网络 |
| | 未来 | 能量路由器、能源连接器、超级电缆等 | | |
| ICT 关键设备 | 当前 | 应变式传感器、电感式传感器、压电式传感器等 | | |
| | 未来 | 光纤传感器、CCD 传感器、智能电表等 | | |

## 6.3.2　多能流耦合的规划设计技术

在智能能源网中，多种能源协调运行，通过对多能流耦合的规划设计，可发挥不同系统的优势和潜力，丰富可再生能源消纳途径，扩大可再生能源消纳空间[8]。同时，多能流耦合的规划设计可以在更大范围内实现资源的优化配置，提高能源利用效率。多能流耦合的规划设计是多能源耦合的核心问题，是智能能源网建设、运行的基础与关键[9]。对于涉及多种能源、多种运行方式、耦合关系复杂的这一系统，需通过对多种设计方案的科学评价比选，挖掘和利用不同能源之间的互补替代性，实现各类能源由源至荷的全环节、全过程协同优化设计[10-12]，如图 6-6 所示。

对多能流耦合的规划属于长期优化，是在较长时间尺度上解决能源设施的发展、投建问题。在多能流耦合的规划模型方面，有 2 种典型的建模角度，即自上而下（top-down）的宏观经济角度和自下而上（bottom-up）的工程角度。仅从单一的自上而下或者自下而上的角度建模，不能进行经济与技术的综合分析。而在多能流耦合的规划设计中常常需要综合考虑经济、技术等多个目标的要求。因此，既包括自上而下的宏观经济模型又包括自下而上的能源供应及需求模型的混合能源模型（Mixed Energy Model），是多能源耦合规划设计模型的研究重点，详见表 6-2。

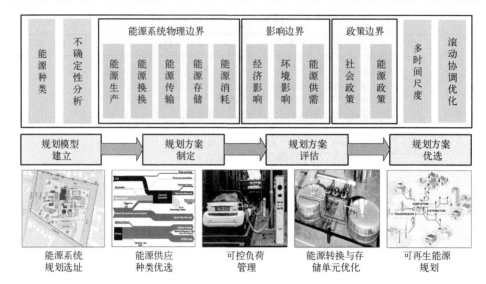

图 6-6　多能流耦合的规划设计

**表 6-2　多能流耦合规划设计模型比较**

| 比　较　项 | 自上而下的模型 | 自下而上的模型 | 混合模型 |
|---|---|---|---|
| 侧重点 | 能源技术描述 | 经济学分析 | 综合分析 |
| 特征 | 以能源流为核心 | 以能源价格为中心 | 模块化 |
| 建模方法 | 对能源生产、转换、消费以及环境影响等环节建模，以投资和运行费用最省为目标，以功率、能量平衡以及各类污染物排放为约束 | 考虑能源需求弹性，对多个经济部门分析，实现能源消费和生产的平衡 | 通过不同模块分别对能源系统、宏观经济系统、环境影响建模，通过耦合模块实现各子模块间的数据传递和保证供需平衡 |
| 代表模型 | MARKAL，EFOM | CGE，Macro | NEMS，IIASA-WECEE3 |

　　多能流耦合系统层次特征显著，在不同层次上规划问题的研究内容也有所不同，可以分为结构规划和系统规划两部分。对多能流耦合的结构规划主要用于确定宏观、广域系统中各种类型能源占比的问题，为具体的投建问题设定目标。根据气候特点、资源能源禀赋与用能需求划分区域，探索我国不同区域的多能源供应模式，以提升系统整体效能为导向，构建多场景、多目标的智能能源网及结构规划模型。对多能流耦合的系统规划则立足于系统运行，主要针对结构规划中特定的智能能源网，解决各种装置投建投运的具体问题，是智能能源网规划的具体实现。结构规划与系统规划紧密联系，相互影响。

对多能流耦合的规划设计，其总目标是在满足差异化用户供能可靠性要求的前提下，科学化地实现系统内各种分布式能源类型及容量、系统拓扑结构等的选择和设计。其核心包括优化规划设计方法、综合评价指标体系及规划设计支持系统。

### 6.3.3　高比例可再生能源就地消纳的技术需求

我国新能源资源类型繁多且储量丰富，尤其是风电资源。近几年光伏产业迅速发展，用户侧安装屋顶光伏等新能源发电不断增加。随着用户侧新能源的大规模接入，新能源就地消纳问题成为电网调控面对的重点问题。限制新能源并网的因素主要包括电网潮流、节点电压、系统稳定、电能质量、调峰能力等。新能源出力具有随机性和不可控性等特点，致使电网调度运行面临一定困难。因此需要进一步分析新能源的出力特性，改进可再生能源发电功率预测技术。通过发展储能技术，可以有效改善新能源的反调峰特性，实现大规模新能源的就地消纳，促进能源高效清洁利用。同时，新能源的就地消纳可减少远距离输送能源，亦有利于提高能源利用效率。综上，面向分布式可再生能源就地消纳的技术需求见表6-3。

表6-3　面向分布式可再生能源就地消纳的技术需求

| 目　　标 | 适应分布式可再生能源的广泛接入，减少弃风弃光，提高能源网的供能效率及可靠性 |
| --- | --- |
| 挑　　战 | 分布式可再生能源出力不确定性，协同控制，直流输配电 |
| 关键技术 | 可再生能源发电功率预测技术、能源网能量管理（主动配电网）技术、直流配电网与直流微网技术 |

### 6.3.4　终端能源利用效率提升的技术需求

发电设备利用率低、用电峰谷差大，使我国能源利用效率难以提高。近几年来，电力需求管理的应用有利于提高能源利用效率。电力需求管理指通过提高终端用电效率和优化用电方式，在完成同样用电功能的同时，减少电量消耗和电力需求，达到节约能源和保护环境，实现低成本电力服务的用电管理活动。在多种形式新能源接入下，研究协调各能源间利用，也是提升综合能效的有效手段。表6-4为终端能源利用效率提升的技术需求。

表 6-4 终端能源利用效率的技术需求

| 目 标 | 通过需求侧管理和能源综合管理，提高用户侧和子系统侧的能源利用效率 |
| --- | --- |
| 挑 战 | 需求侧响应，多能源综合调度 |
| 关键技术 | 用户侧需求综合管理技术、综合能效提升技术 |

## 6.4 多能流耦合的技术发展方向

### 6.4.1 电-气耦合技术

随着热电联产（Combined Heat and Power，CHP）、冷热电三联供（Combined Cooling Heating and Power，CCHP）等技术的广泛应用，电力-天然气系统的结合在区域与用户级能源网中愈发重要。天然气具有安全可靠、传输方便、经济性好、环境友好等特点，对其有效利用有利于提高能源使用效率、减少二氧化碳排放[13]。

电力-天然气耦合组件主要体现在以微型燃气轮机、燃气轮机和电驱动压缩机为代表的设备。微型燃气轮机将天然气的高品位能量发电，低品位能量进行供热供冷，适合于分布式能源供应系统。燃气轮机和电驱动压缩机作为电力网络与天然气网络连接的纽带，燃气轮机在电力系统中是发电机，在天然气网络中可视为负荷，如图 6-7 所示。在该层面中，主要关注长时间尺度的电力系统与天然气系统的能量流动、潮流收敛以及能量守恒。

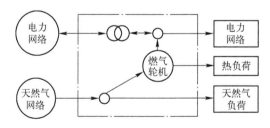

图 6-7 基于燃气轮机的用户级电力-天然气耦合形式

现今微型燃气轮机因为受到透平入口温度、材料的限制，因此单纯的发电效率并不高。利用环境压力下吸热燃气轮机循环，研发的环境压力吸热燃气轮机（APGC），能够有效增大工质的通流面积，减少负面层对流动的不良影响，从而提高透平和压缩机的效率。并且采用烟气回流技术,能够有效地减少氮氧化物的排放。由于 APGC 具有高效、低排放的优点,因此在提高燃气轮机能效方面有非常大的发展前景。

天然气管道系统潮流特性体现在天然气从气源点得到供应,经高/中/低压网络传输到储气点、负荷侧或通过耦合组件与电力系统交互。此外,天然气系统的可大规模储存特性以及电转气(Power to Gas,P2G)技术为多能源联合优化运行提供了新的技术支撑。该技术可将低谷时段剩余风电转化为易于大规模存储的天然气,并在高峰时段通过燃气轮机组发电重新利用。较传统的储能设备,电转气存储容量大、放电时间长,可有效消纳大规模风电并实现能量的长时间、大范围时空平移。

## 6.4.2　电-热耦合技术

热电联产、热泵、电锅炉、浸入式加热器等技术促进了电力系统与热力系统之间耦合[14],其重要性体现在以下几个方面:产热是众多发电过程中的重要环节,对热能的有效利用可以提高能源使用效率;电-热耦合有助于消纳可再生能源;热能是终端用户负荷重要的组成部分。同时,热能在生产、传输过程中损失较大,对热能的有效利用是能源梯级利用、多能源互补理念中的重要目标,现有的电-热耦合组件分析并不完善。

电-热耦合组件主要以热水器、空调等温控负荷的形式存在,体现了电热之间的能量转换,与民众生活息息相关,如图 6-8 所示。温控负荷是电力系统的一种重要负荷类型,应用广泛,其用能特性受外界天气因素影响较大。同时,热能具有延时效应,通过对电-热耦合组件建模、优化、控制的研究,可减少其对电力系统稳定性的影响,向电力系统提供更好的辅助服务;需求响应和能效电厂等技术也为相关研究提供了新的思路。

热能主要有 2 种供应途径:第 1 种是采取集中供热的方法,以热水或蒸汽作为热介质,通过热水管网中的输热干线、配热干线和支线送到用户,其热源包括热电站、工业废热、地热等;第 2 种是通过用户端的储能设备和产能设备,进行热能供应。在上述 2 种应用场景中,电-热耦合组件均有广泛存在。

对于第 1 种热能供应途径,电力网络可以通过区域热电站与电力网络进行耦合,进而形成关键组件。区域热电站的结构如图 6-9 所示,它包含热电联产单元、浸入式加热器、水泵,在该组件中,热电联产单元与浸入式加热器分别将其他形式的能源转化为热能，通过区域供热系统的进水管送至用户并通过回水管返回系统，与此同时，热电联产单元产生的电力可弥补浸入式加热器与水泵消耗的电力。电力与热力系统耦合组件的增加为彼此系统的供应带来更多的灵活性和可靠性，系统之间不再是彼此独立的。

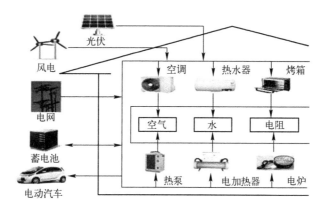

图 6-8　用户级电-热耦合组件

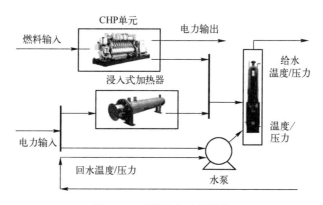

图 6-9　区域热电站的结构

在第 2 种热能供应途径中，电力系统与储热系统形成的耦合组件在生产实践中联系紧密，电力系统是快动态系统，能量难以存储，与其他形式能源相比，传输过程中损耗更小；而储热系统是慢动态系统，储热系统在管道、水箱等设备均能够高效率存储，同时热在传输过程中损耗较大。由此，电力系统与储热系统具有互补特性，通过储热系统与电力系统的结合，有利于消纳可再生能源。

## 6.4.3　电-氢耦合技术

　　氢作为一种能源，具有清洁、便于储存及传输等特点。当可再生能源难以消纳时，可通过电解水制氢等技术将多余的电力转化为氢气，氢也可通过燃料电池反馈给电网以提高风电上网电能品质，通过电-氢能源系统的进一步耦合，可为可再生能源规模化综合开发利用、存储提供新的有效途径。电-氢耦合组件如图 6-10 所示。

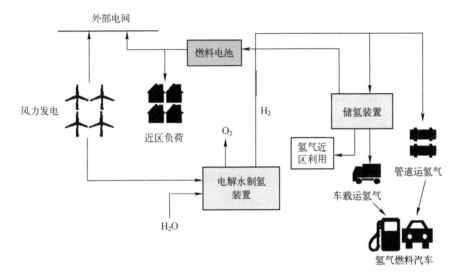

图 6-10　电氢耦合组件

　　电解水制氢技术是将电力转化为氢气的主要方法。通过电解水技术，可在负荷低谷或可再生能源出力高峰期，将富余的电能转化为氢气进行存储，能够解决因储电成本高造成的储电难问题，并提高可再生能源的利用率。现有的电解制氢方法主要有 3 种：碱性电解水制氢、固体聚合物电解水制氢和高温固体氧化物电解水制氢。碱性电解水制氢是一种较为成熟的技术，目前已经被大规模应用。相比于碱性电解水制氢，固体聚合物电解水制氢是一种新技术，这种方法更为灵活，负荷可以在 0~100% 之间变化，而碱性电解水制氢最小负荷限制在 20%~40% 之间。高温固体氧化物电解水制氢则处于实验室研究阶段，尚未大面积推广应用。

　　燃料电池是将氢气转化为电力的一种典型设备，其工作原理是将富含氢的燃料（如天然气、甲醇）与空气中的氧气结合生成水，氢氧离子的定向移动在外电路中形成电流，类似于电解水的逆过程。它并不燃烧燃料，而是通过电化学的过程将燃料的化学能转化为电能。通常，燃料电池发电厂主要由 3 部分组成：燃料处理部分、电池反应堆部分和电力电子换流控制部分。目前，国内外已研究开发了 5 种燃料电池：聚合电解质膜电池（PEM）、碱性燃料电池（AFC）、磷酸型燃料电池（PAFC）、固体电解质燃料电池（SOFC）和熔融碳酸盐燃料电池（SOFC），其中，PAFC 是目前技术成熟且已商业化的燃料电池。燃料电池具有巨大的潜在优点：①其副产品是热水和少量的二氧化碳，通过热电联产或联合循环综合利用热能，燃料电池的发电效率几乎是传统发电厂发电效率的 2 倍；②排废量小（几乎为零）、清洁无污染、噪声低；③安装周期短、安装位置灵活，可以省去配电系统的建设。

### 6.4.4 互联信息保障技术

智能能源网的互联性主要指智能能源网中能量流动链的信息流是相互连通的，不同层级能源系统间的信息通信与态势感知技术和互联信息保障技术是海量数据环境下能源系统互联互通的重要基础。智能微能源包含众多用户终端，负荷节点相比广域互联能源网来说多得多（广域互联能源网等值的负荷节点相对较少），用户之间以及用户与上级网络之间的通信技术也将显得更为重要。

通信技术是通信服务、信息服务及相关应用的有机结合，旨在实现智能能源网各环节之间的高效信息通信与交互共享，为能源系统从产能到用能的全过程实时信息采集、传输与存储提供了技术手段。随着能源物联网技术和信息物理技术的突飞猛进，智能能源网信息网将与物理能源网实现深度融合，成为整体上的能源信息物理系统，从而为智能能源网提供更加信息化、数字化、透明化的运行环境。

## 6.5 多能流耦合规划设计技术的发展方向

多能流耦合规划问题规模庞大、性质复杂，多能流耦合的运行面临着时间尺度差别大以及诸多方面不确定性强等特征，如供应侧可再生能源出力与负荷侧能源需求总量和需求结构的不确定性等。在规划设计工作中，需要研究构建一套科学的综合评价指标体系和评价方法，这是进行多能流耦合规划一体化设计和运行调控的关键。在此基础上，需要科学考虑电/气/冷/热负荷的时空分布特性和用户需求差异性，深入挖掘不同能源间的互补替代能力，实现多能流耦合综合规划。

多能流耦合协同优化设计需要适于各种时空场景的能源网运行模式和调控策略[15]，以实现对能源网不同运行场景的精确分析；需深入研究系统内各种设备和环节在不同场景下的工作特性，以获取系统不同工作模式下的运行约束；需在统一考虑系统设计方案的安全性、经济性、能源利用效率、用户舒适性和社会效益等因素基础上，建立系统多目标优化设计模型；需基于全生命周期设计理念，综合考虑系统不同运行阶段特征，采用多场景协同优化分析方法实现问题的求解。

运行中的智能能源网将是一个具有高维、多时标、非线性和随机性的复杂动力系统，对这样一个系统的韧性研究极其重要。所谓韧性，主要指能源网对高风险、小概率扰动事件的抵御能力，强调在面临无法避免的扰动时能有效利用各种资源灵活应对，维持尽可能高的运行水平，并迅速恢复系统性能。

能源网安全性理论是韧性研究的重要理论基础，这是一个极富挑战性的研究方向。首先，从时间角度考虑，多能流耦合的能源网包含了大量特性各异的动态环节，且不同动态时间响应差异性很大。因此，其动态过程需用刚性动力系统模型来描述，模型复杂性更为突出。其次，从模型构成上考虑，多能流耦合能源网的一些环节（如燃气及热力管道、热力存储等环节）的动态需用偏微分方程描述，另一些环节（如电气设备、能源转化装置等）的动态则需用微分方程描述，还有一些环节（如电力网络潮流约束、设备运行极限约束、用户侧用能约束等）作为刚性约束需用代数方程描述，这使得区域级能源网可由偏微分—微分—代数模型来描述，但迄今为止，尚缺乏与此模型相适应的安全性分析理论与方法。其三，从安全性防御角度考虑，需要深入研究多能流耦合能源网连锁故障的演变机理和分析技术。

## 6.6　高比例可再生能源就地消纳的技术发展方向

### 6.6.1　可再生能源发电功率预测技术

由于可再生能源本身的不确定性，可再生能源发电具有波动性和间歇性，这将使得可再生能源发电设备直接并网运行会对能源网产生一定的冲击。目前，解决该问题的重要方向就是对未来一段时间的可再生能源发电输出进行预测。短期预测（数小时到数天）的结果能够帮助电网进行合理的经济调度、机组组合操作以及选择合适时机对风机进行维护。中期（数天到数月）风电预测结果可以帮助风电场做季度发电计划、安排大型检修活动等。长期（数月到数年）风电预测则可以评估某地区可能的年均发电量，主要应用于风电场的选址。

可再生能源发电预测方法根据使用的数据来源不同主要分为统计学习方法和物理方法。其中，统计学习方法根据可再生能源发电历史测量数据及周边测量数据建立统计学习模型。由于高分辨率物理模型的计算复杂度较大且需要的计算时长较长，目前的一个主要研究方向是使用机器学习方法对低分辨率的物理模型预测结果进行校正，从而得到较为准确的可再生能源发电功率预测值。目前，西班牙提前 48 h 的可再生能源发电预测均方根误差可以控制在 30% 以内，提前 24 h 均方根误差可以控制在 15% 以内，西班牙国家电网公司的预测精准度在 85% 左右。我国最新发布的《风电场功率预测预报管理暂行办法》中，要求风电功率预测系统提供的日预测曲线最大误差不超过 25%，实时预测误差不超过 15%，全天预测结果的均方根误差应小于 20%。由此可见，与欧美可再生能源发电预测技术发展较为完善的国家相比，我国的可再生能源发电预测体系仍有待完善，预测精度有待于进一步提高。

## 6.6.2　主动配电网（能量管理）技术

为了应对大规模可再生能源的规模化接入和应用，主动配电网（Active Distribution Network，ADN）技术应运而生。通过全面利用各种控制和调节手段，对主动配电网内多种可控能源进行能量管理与经济调度，能够实现主动配电网的优化运行，提高主动配电网整体运行效率，提高大规模间歇式可再生能源利用率，对主动配电网的运行经济性意义重大。由于主动配电网集成了多种能源输入（太阳能、风能、常规化石燃料、生物质能等）、多种产品输出（冷、热、电等）、多种能源转换单元（燃料电池、微型燃气轮机、内燃机、储能系统等），主动配电网内能量的不确定性和时变性更强，主动配电网系统的能量管理与分布式电源优化调度方法和主能源网的优化调度将会有很大不同，主要体现在以下几个方面：缺乏统一的信息模型，存在信息孤岛；缺乏对配电网络的全面监控；不具备全局优化能量管理功能；对大量量测信息的处理能力不足。

　　主动配电网的能量管理一般采用分层的控制架构，如图 6-11 所示。分层能量管理系统在控制区域划分的基础上，实现主站系统和终端的信息交互，利用全局优化和局部自治的协调控制，消纳间歇式能源。各层级能量管理系统分别管理好各自层级的分布式能源对象（分布式电源、分布式储能、主动负荷），以此来达到整体的最佳效果。在分层控制架构中，上层的主动配电网能量管理系统主要负责主动配电网的能量优化及运行方式优化，是用于实现全局集中控制的管理单元。而下层的主动配电网协调控制器则是对主动配电网自治区域进行分散自治控制的管理单元。基于分层能量管理可以有效解决通信过程中的信息瓶颈以及优化控制与自治控制的协调问题。一方面，主动配电网能量管理系统在上层通过全局优化算法求解出主动配电网的优化调度控制策略，由于求解所需要的信息量较大，求解过程复杂，故其是在长时间尺度下的集中控制。另一方面，在短时间尺度，主动配电网在下层处于局部自治控制模式。各个自治区域根据实际运行状态，通过协调控制器对自治区域进行闭环控制，实现各个自治区域在全局优化目标邻域内的运行。

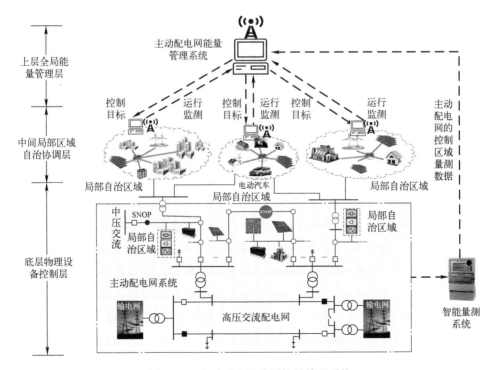

图 6-11　主动配电网分层能量管理系统

### 6.6.3　直流配电网与直流微网技术

目前，世界范围内运行的配用电网络主要都是基于交流输电技术，随着电力用户电气化水平的提高和信息技术的迅速发展，分布式能源发电技术的长足发展以及电力储能系统的逐步推广应用，使用直流驱动的负载比重也越来越大。然而，基于传统的交流输电技术在驱动直流负载时必须要经过一轮，甚至是多轮的交-直/直-交的转换环节，目前配用电网中交直流能量变换损耗高、配用电灵活性差、配用电环节匹配性低的问题日益凸现，低能效带来的能源结构低碳化的压力同样与日俱增。而如果直接采用直流配用电技术，就可以减少配用电过程中交直流转化的中间环节，提高配用电的效率、可靠性和灵活性，从而妥善解决分布式新能源和储能系统接入以后的系统稳定问题，是国际配用电研究领域的重要发展方向[16]。

根据 2011 年国际大电网会议（CIGRE）B4-52 工作组在《HVDC Grid Feasibility Study》报告中给出的定义，直流电网是换流器直流端以互联组成的网格化结构电网。将直流侧的直流传输线连接起来，形成"一点对多点"或"多点对一点"的形式，这样就形成了直流电网。直流电网的拓扑结构由用途决定，可以分为网状（主要用于输电网）与树枝状（主要用于配电网）两大类。在负荷密集的区域，直流电网使用网状结构，可以保证供电的高可靠性和容量输送；而在配电网中，树枝状结构则可以更有效地将直流电压降到用户负荷要求的电压等级。而直流电网中，电压源换流器可以限制电压波动；基于电力电子技术的直流断路器可毫秒级分断电流，配合运行控制系统可以实现潮流的快速调整。因此，建立直流电网，将可再生能源与传统能源广域互联，可以充分实现多种能源形式、多时间尺度、多用户类型之间的互补。

直流配用电网可有效解决目前配用电网能量变换损耗大、新能源和储能系统接入不灵活、电能难以实现双向传输的问题，可大大改善配用电网的效率、稳定性和灵活性。具有传统配用电网不可比拟的优点：①非常适合风能、太阳能等分布式新能源的灵活接入（各种新能源发电稳定可靠接入最好的方式是直流）；①非常便于储能系统接入（所有的储能系统都基于直流而非交流）；③非常适合大容量配用电网能量传输，能够满足日益增长的用电负荷需求；④基于高温超导电缆的直流配用电网更具有传输损耗低、输送容量大、系统可靠性和灵活性高等优势；⑤采用电压源换相的地下直流电缆输电，不仅比交流三相电缆占用空间小，单位输送功率高，而且绝缘性好，不存在电容电流，适合远距离电缆送电；⑥直流配电系统只需要 2 根导线，建设成本低。

## 6.6.4　分布式储能技术

智能能源网作为区域级和用户级的能源网，主要面向的是终端用户。区别于用于大电网的大容量储能，智能能源网中对于能源存储设备，主要有以下几种应用场合。

（1）基站、社区或家庭备用电源

各种电池技术可以应用于用户侧。电池结合电力电子技术能够为用户提供可靠的电源，改善电能质量，还可以利用峰谷电价的差价，为用户节省开支。例如在美国东、西海岸（尤其是东海岸地区），电网公司正在积极投资建设储能设施，因为这些地区容易受到飓风影响，储能设施可以让电网更有弹性，在对抗飓风时更稳定。

（2）应对可再生能源波动的分布式储能

一定容量的储能系统还可以克服智能能源网惯性小、抗干扰能力弱等问题，有效弥补风力发电和光伏发电等可再生能源发电的间歇性对系统造成的影响，使得可再生能源输出功率具有一定的可预测性和调度性。

智能能源网要求配备储能装置，并要求储能装置能够做到以下几点：

1）在离网且分布式电源无法供电的情况下，提供短时不间断供电。

2）能够满足区域与用户级智能能源网调峰需求。

3）能够改善区域与用户级智能能源网电能质量。

4）能够完成系统黑启动。

5）平衡间歇性、波动性电源的输出，对电负荷和热负荷进行有效控制。

目前，我国有接近一半的新型储能项目都应用在智能能源网领域，可见储能在区域与用户级智能能源网中的应用有很大的市场潜力。电池储能、氢储能、压缩空气储能、飞轮储能等储能方式，可以满足智能能源网储能的不同技术要求。

（3）电动汽车 VEG 模式的供能系统

目前推广的新能源汽车充电站/充电桩的充电模式很难满足电动汽车大规模、快速充电的需求，在未来，发展电动汽车 VEG 模式具有很大的市场潜力。在 VEG 模式中，电动汽车安装有能够安全快速充电的动力电池，充电方式由用户自己选择：可以在能量站快充，也可以在停车场或家庭车库进行慢充；分布式能量站（Energy Station）类似于现在的加油站，能量站安装有低成本、长寿命的兆瓦级储能电池系统，能够从电网充电储存电量后，给电动汽车快速充电；同时，能量站能够与电网互动，用于电力的调峰或调频。电动汽车 VEG 模式如图 6-12 所示。

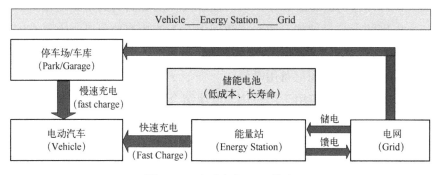

图 6-12　电动汽车 VEG 模式

## 6.7　终端能源利用效率提升的技术发展方向

### 6.7.1　需求侧综合管理技术

　　传统需求侧管理技术只考虑单一能源网络，主要建立在用户含有可调负荷的基础上，有一定的弊端。对于含单一功能网络（如电力）的用户来说，如果其负荷不可调，或者用户因舒适度等原因不愿将其家庭设备停止或延缓工作，此时用户难以参与需求侧管理[17]。针对上述问题，一种可行的研究思路是构建需求侧综合管理技术，旨在对需求侧不同能源系统的用能设备进行统一管理，从而提高能源网络的稳定性和利用率，节约用户用能综合成本。其物理载体是具有用户侧特性和智能量测功能的智能能源集线器，该模型在原有能源集线器基础上增加了信息流，允许用户监视并控制所用能源，使其具有自优化功能，如图 6-13 所示。需求侧综合管理技术的核心思想是在充分利用不同能源的价格特性、供应特性和耦合特性的基础上，用户可以通过转移其能源消耗成分或改变其消费能源种类来参与需求侧管理计划。该策略主要通过智能能源集线器集群实现，而云计算平台以及大数据中心可保证智能能源集线器彼此之间及智能能源集线器与设备之间的信息传递。需求侧综合管理技术基于能源转换的灵活性，将多种能源综合考虑，在保证用户舒适度的情况下，减少单一网络的峰谷比，协同优化智能能源集线器的能源输入，从而达到经济最优的目的，并实现现能源网络的互联互济。

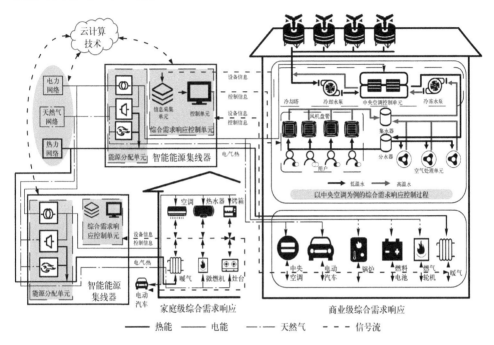

图 6-13　需求侧综合管理

## 6.7.2　智能能源网运行优化技术

智能能源网中能量交互较为密切，通过不同能源之间的优势互补与梯级利用，可实现其综合能效的有效提升。智能能源网运行优化技术是实现以上目标的有效途径[18]。首先，智能能源网运行优化的过程实际是一个能源综合调度的过程，这一过程与电力系统中的优化调度或机组组合优化过程类似，其不同之处在于需要考虑的能源种类、约束条件和目标函数更为复杂，如图 6-14 所示。其次，在智能能源网运行优化过程中，需要科学地平衡多种利益关系并考虑更多因素的影响，如需要很好地平衡系统运行的安全性与其经济性之间的矛盾，需要平衡能源利用效率、能源可持续性和用能经济性之间的矛盾，需要综合考虑各能源子系统的运行状况以寻求整个能源系统的最佳状态等，其所面临的问题较单一能源系统更为复杂[19,20]。第三，智能电网作为智能能源网的基础，发展建设中的信息通信技术，将为其优化运行提供信息和通信支持。对我国而言，最近从国家政府层面、电力公司角度也在不断尝试推动智能能源、智慧城市、能源互联网的新兴理念和示范工程，把基于互联网、云计算等新一代信息技术以及大数据、社交网络等工具和方法充分运用于城市的各行各业中，实现全面感知、广泛互联、智能融合的新型城市形态，基于智能能源网的运行优化关键技术是智能能源管理的核心技术，有利于减少能源消耗，提高能源系统综合能效。

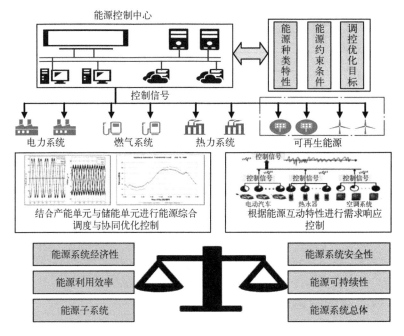

图 6-14　智能能源网的运行优化

## 6.8　本章小结

智能能源网代表着未来能源领域的一个重要制高点，是未来能源互联系统的典型组织形式，区域与用户级能源网相关技术已成为世界各国能源领域的一个关注热点。本章主要从区域与用户级智能能源网形态特征、关键技术发展方向等方面进行相关分析与探讨。区域与用户级能源网蕴含多种形式的能源，随着能源网关键设备与能源存储、转换、传输等技术的逐步发展，能源系统通过多能互补融合与梯级利用，可显著提高能源综合利用效率以及可再生能源消纳能力，提高能源行业资产利用率与能源供给灵活性，改变能源生产与消费模式，带动诸多新兴能源市场以及相关产业发展，这将成为实现我国能源转型、节能减排与可持续发展目标的重要途径。

# 参考文献

［1］王成山，王守相．分布式发电供能系统若干问题研究［J］．电力系统自动化，2008，32(20)：1-4.

［2］田世明，栾文鹏，张东霞，等．能源互联网技术形态与关键技术［J］．中国电机工程学报，2015，35(14)：3482-3494.

［3］曹军威，孟坤，王继业，等．能源互联网与能源路由器［J］．中国科学：信息科学，2014，44(6)：714-727.

［4］蒲天骄，刘克文，陈乃仕，等．基于主动配电网的城市能源互联网体系架构及其关键技术［J］．中国电机工程学报，2015，35(14)：3511-3521.

［5］王伟亮，王丹，贾宏杰，等．能源互联网背景下的典型区域综合能源系统稳态分析研究综述［J］．中国电机工程学报，2016，36(12)：3292-3306.

［6］Huang A Q, Crow M L, Heydt G T, et al. The future renewable electric energy delivery and management（FREEDM）system：The energy internet［J］. Proceedings of the IEEE, 2010, 99(1)：133-148.

［7］余晓丹，徐宪东，陈硕翼，等．综合能源系统与能源互联网简述［J］．电工技术学报，2016，31(1)：1-13.

［8］贾宏杰，王丹，徐宪东，等．区域综合能源系统若干问题研究［J］．电力系统自动化，2015，(7)：198-207.

［9］李洋，吴鸣，周海明，等．基于全能流模型的区域多能源系统若干问题探讨［J］．电网技术，2015，39(8)：2230-2237.

［10］Krause T, Anderson G, Frohlich K, et al. Multiple-energy carriers：Modeling of production, delivery, and Consumption［J］. Proceedings of the IEEE, 2010, 99(1)：15-27.

［11］刘贞，张希良，高虎，等．区域可再生能源规划基本框架研究［J］．中国能源，2010(2)：38-41.

［12］Geidl M，Koeppel G，Favre-Perrod P，et al. Energy hubs for the future ［J］. IEEE Power & Energy Magazine，2007，5(1)：24-30.

［13］周浩，魏学好. 天然气发电的环境价值 ［J］. 燃气轮机技术，2002，32(4)：2-5.

［14］王涛，宋巍. 冷热电联产技术的探讨 ［J］. 应用能源技术，2010(3)：35-38.

［15］宗升，何湘宁，吴建德，等. 基于电力电子变换的电能路由器研究现状与发展 ［J］. 中国电机工程学报，2015，35(18)：4559-4570.

［16］王一振，赵彪，袁志昌，等. 柔性直流技术在能源互联网中的应用探讨 ［J］. 中国电机工程学报，2015，35(14)：3551-3560.

［17］王德文，孙志伟. 电力用户侧大数据分析与并行负荷预测 ［J］. 中国电机工程学报，2015，35(3)：527-537.

［18］王毅，张宁，康重庆. 能源互联网中能量枢纽的优化规划与运行研究综述及展望 ［J］. 中国电机工程学报，2015，35(22)：5669-5681.

［19］盛万兴，段青，梁英，等. 面向能源互联网的灵活配电系统关键装备与组网形态研究 ［J］. 中国电机工程学报，2015，35(15)：3760-3769.

［20］Geidl M，Andersson G. Optimal power flow of multiple energy carriers ［J］. IEEE Transactions on Power Systems. 2007，22(1)：145-155.

# 第7章　"互联网+"智慧能源

"互联网+"智慧能源作为智能电网与能源网融合的典型场景之一，是基于互联网思维推进能源与信息深度融合，构建多种能源优化互补，供需互动、开放、共享的能源系统和生态体系。面向电力改革及能源市场化的新趋势，"互联网+"智慧能源将在信息物理高度融合的基础上，借助互联网所提供的公开、共享的市场环境，还原能源商品属性，实现传统能源的智慧化升级，更有效地支持新能源的灵活接入，持续提高能源利用效率。本章将对我国建设"互联网+"智慧能源的必要性及其形态特征进行阐述，并重点分析"互联网+"智慧能源技术需求及其技术的发展方向。

## 7.1　现状及发展趋势

计算机网络技术作为新生代的科技产物，代表着新媒介技术的产生、发展和普及，正在引导着整个社会发生变化。在过去的几年中，互联网已经给人类的交往方式、思维逻辑、社会结构造成了不可逆转的、翻天覆地的变化。互联网发展至目前，在性能与安全性两方面有了革新性的突破。性能提高表现为两方面，其一是数据传输的高速化。高速通道技术的应用，能够有效地、大幅度提高互联网的传送速度，以此达到更快的资源流通的目的。其二是得益于芯片技术的发展。信息处理速度的大幅提升，对输入的信息有更快的响应，能够处理的信息量大幅提升。同时，新的防御系统、加密技术的提出，以及存储设备的稳定性提高，使得互联网中信息及数据的安全性得到了极大的提高。互联网是人类信息技术文明发展的重要体现，而信息技术几乎已经渗透和影响到了各个领域中，并且许多领域在其影响下开始了跨界创新与融合。相比之下，电力系统总体较为保守、封闭，能量流与信息流一直存在同步不畅，与其他领域的交流也不够。随着科技的不断发展，我国能源、经济形势的变化，利用"互联网+"对于传统能源进行智慧化改造的意义越来越明显，将互联网技术应用于电力系统，发挥互联网技术的优势对传统能源网络进行改造，并促进传统电网与其他能源网络、信息智慧化技术进行融合，形成的"互联网+"智慧能源是我国电网未来的发展方向。

互联网可以促进信息的交流，实现数据的汇总并基于此全局优化资源的分配。而所谓互联网思维，是指在互联网、大数据、云计算等科技不断发展的背景下，对市场、用户、产品、企业价值链乃至整个商业生态进行重新审视的思考方式[1]。互联网思维体现在社会生产方式上的理解主要有两点：生产要素配置的去中心化和生产管理模式的扁平化[2]。基于互联网的开放、平等、协作、共享精神，各种系统生产要素配置的主要形式是去中心化，是分布式的；企业的管理也会从传统的多层次走向更加扁平、更加网络化。基于"互联网+"思维对传统行业进行改造，可以促进其业态发展变化，催生新模式兴起，实现行业革新，为其注入活力，获得经济上的增长点。而在以电力为代表的能源领域实行"互联网+"智慧能源的改革，对提高可再生能源比重，促进化石能源清洁高效利用，提升能源综合效率，推动能源市场开放和产业升级，形成新的经济增长点，提升能源国际合作水平具有重要意义。

能源网中的电网中，各类一次能源发电和分散化布局的电源结构（骨干电源为主）通过大规模互联的输配电网络，连接各用户使用，具有天然的网络化基本特征。电力系统终端用户用电业已实现"即插即用"，电力用户无须知道所用电的来源，只需根据需要从网上取电，具有典型的开放和分享的互联网特征。虽然如此，目前我国电网发展仍遇到了一系列的问题：经济发展面临增长新常态，电力系统不支持多种一次和二次能源相互转化和互补，不能支持高比例分布式清洁能源电力的接入；综合能源利用效率和可再生能源利用率的提高受限；三北等地区弃风弃光、西南地区弃水现象愈演愈烈；与此同时，火电建设却在不断开动，环境污染也成为人们的关注焦点。传统电力系统集中统一的管理、调度、控制系统不适应大量分布式发电及发电、用电、用能高效一体化系统接入的发展趋势。传统电力系统的市场支持功能，不适应分散化布局用户能源电力的市场化运作。近年来以新能源汽车、储能为代表的新技术、新业态正在蓬勃兴起，电力市场交易与电力体制改革也在进行，但是仍然不能及时适应能源领域和社会各行业产生的新变化。而油气等行业也在面临油价低迷、污染严重等问题，行业活力差。

因此，总体来说，能源领域有必要引入互联网思维对其进行改革，融合资源，激发活力。以互联网思维改造传统能源行业，就是要大力推进能源与信息的深度融合,同时发挥电力网覆盖面宽、能量和信息一起传输的独特网络优势,克服传统思维的局限和存在的薄弱环节,构建骨干电源与分布式电源结合、主干网与局域网微网协调、多种能源优化互补、供需互动开放共享的"互联网+"智慧能源系统和生态体系。

## 7.2 "互联网+"智慧能源的形态特征

"互联网+"智慧能源是一种互联网与能源生产、传输、存储、消费以及能源市场深度融合的能源产业发展新形态,具有设备智能、多能协同、信息对称、供需分散、系统扁平、交易开放等主要特征[3]。在全球新一轮科技革命和产业变革中,互联网理念、先进信息技术与能源产业深度融合,正在推动能源互联网新技术、新模式和新业态的兴起。设备智能(如各种用能终端、能源网络以及能源信息云平台)都有信息技术的广泛参与,可以全面收集能源信息,进行收集分析并指导能源网络的优化运行,实现能源与信息的耦合。能源网络中的各组成部分可以动态地接收系统云平台的指示,智能地变换工作状态,以响应系统需求,从而达到优化系统能效、降低碳排、提高系统稳定性与柔性的目标。

多能协同:能源互联网支持电–热–冷–气–交通等多网络的智慧互联,支持能源的互相转化,以多种能量互相转化互补的方式来实现能源系统的优化运行,降低某单个系统的负荷,实现能源系统的动态优化配置。多能协同依托高性能能源技术、多能流耦合分析与控制技术、云平台监控运维技术,实现多种能流的优化协同运行,实现全系统的高效绿色运转。

信息对称:传统电力等能源网络具有垂直层次式的治理结构,终端用户在其中属于被动用能者,电网公司等对电力网络具有几乎完全的控制权,也几乎完全占有了能源信息,即电网运维者与用户的能源信息是严重不对称的。而随着"互联网+"智慧能源的发展,能源界将产生许多新的业态,比如售电公司的成立,产消一体化用户的产生等,在这种情况下,能源市场的传统垄断化、垂直化结构将被打破,市场会有更多的参与者进入,而该更为扁平化的能源结构必然将会导致信息交流更为频繁,传统的能源信息被电网公司垄断的情况也会被打破,参与电力、能源市场的各主体都能够享有信息,从而支持其在市场上开展业务。

供需分散:传统能源系统为典型的大电网集中式–垂直式管理,而"互联网

+"智慧能源的改革将使得能源体系走向集中-分布并重,分布式能源将大量参与能源系统,并灵活进行响应,就近解决能源需求问题,并依托互联网技术实现供需优化对接与配置。

系统扁平:"互联网+"智慧能源将使能源体系的治理结构发生变革,垄断和垂直管理的传统结构将会被打破,能源市场将有多主体参与,电网公司将更多地向服务者的角色、能源解决方案提供商的方向来发展,终端用户也可以转为产消一体者,各方在扁平化市场中开展互动与合作。

交易开放:"互联网+"智慧能源将使得能源市场活力被激发,多主体将参与能源市场,并将基于用能需求提供多种丰富的服务,各能源供应商可以在市场上展开竞争,整个市场的运行呈现开放的特点。能源市场将在电力体制改革等一系列政策支持的推动以及能源市场自身的自由发展下而建立起充分活跃的市场交易与互动机制,用能用户可像在其他市场一样实现能源的开放、自由交易。

# 7.3 "互联网+"智慧能源的技术需求

## 7.3.1 能源生产智慧化的技术需求

能源生产智慧化,可以实现对能源生产全过程的监控和调度,保证多种能源的协调生产和相互转化,提高能源生产对于能源网络的友好性,并将能源生产与能源传输消费过程紧密协调互动,实现对于能源网络、消费智慧化的支持,保证能源生产的高效、清洁、绿色、智慧化。

需要建立能源生产运行的监测、管理和调度信息公共服务网络,加强能源产业链上下游企业的信息对接和生产、消费的智能化,支撑电厂和电网协调运行,从生产侧助力能源生产与消费的平衡,提高系统的能效和稳定性。需要鼓励能源企业运用大数据技术对设备状态、电能负载等数据进行分析挖掘和预测,开展精准调度、故障判断和预测性维护,提高能源利用效率和安全稳定运行水平。需要开发促进可再生能源消纳、分布式能源参与能源网络运行的技术,促进非化石能源和化石能源协同发电,降低可再生能源、分布式能源对能源网络的冲击,提高能源系统的绿色、环保性。需要开发多能流生产协同的分析控制技术,加强不同种能源生产之间的良性互动,基于多能协同控制系统在能源生产端实现多能耦合的优化生产。虚拟发电厂打破了传统电力系统中物理上发电厂之间以及发电和用电侧之间的界限, 充分利用网络通信、智能量测、数据处理、智能决策等先进技术手段, 有望成为包含大规模新能源电力接入的智能电网技术的支撑框架。

### 7.3.2 能源网络智慧化的技术需求

"互联网+"智慧能源, 强调可再生能源 (特别是新能源与分布式能源) 和互联网的融合发展, 这将颠覆传统的能源系统, 并从根本上解决能源的供给和安全问题, 将助推新一次能源革命的崛起。我国的能源生产和消费体系还是以煤炭为主要能源类型且传统电网存在一些安全隐患, 发展与分布式可再生能源互联互通的能源互联网将是大势所趋。在城镇化的过程中, 发展分布式的低碳能源网络很有必要。未来我国城镇化率将增加 10%~20%, 城镇化以后, 农民转变为市民, 生活质量提高, 包括留在农村的农民, 随着农业现代化, 生活水平将提高, 人均用能和用电都会增加。因此要特别倡导分布式的低碳能源网络, 将集中式电网与分布式网络相结合, 包括农网改造, 也要注重发展分布式网络, 多使用可再生能源。

我国太阳能、风能等可再生能源储量丰富, 建设以太阳能、风能等可再生能源为主体的多能源协调互补的能源互联网符合我国实际国情。在构建分布式新能源网络的过程中, 需要重点突破分布式发电、储能、智能微网、主动配电网等关键技术, 构建智能化电力运行监测、管理技术平台, 使电力设备和用电终端基于互联网进行双向通信和智能调控。通过以上的技术突破, 实现分布式电源的及时有效接入, 逐步建成开放共享的分布式能源新网络。

### 7.3.3 能源消费智慧化的技术需求

受限于目前电力市场建设的不完善, 在大多数情况下, 电能交易只能遵从单一的交易模式, 即用户在需要时直接向电网取电, 电力公司以统一的价格向用户收取电费。随着用电量的增长, 这种单一交易模式的弊端逐渐显现: 首先, 为了满足高峰时段的用电需求, 电力公司需要预留大量富余容量, 在非高峰时段造成大量装机容量的浪费; 其次, 在目前单一交易模式的影响下, 用户养成随取随用的用电习惯, 用电设备的智能化程度较低, 无法与电网形成良好互动, 导致用电高峰的不确定性增加。解决以上问题, 既需要探索建立新的电力交易及商业运营模式, 同时也需要提高用电设备的智能化程度。

回顾信息互联网的成功经验，其举世瞩目的成就不仅在于创造出了一个信息互联的网络技术体系，更在于孕育出了全新的互联网思维方式与商业运营模式。能源互联网从概念设计阶段即孕育了"互联网思维"的种子，希望通过先进的信息技术"武装"一批广泛的、先进的能源生产者和消费者，以市场化的方式参与到能源系统的运行和竞争中去，全面提升能源系统的运行效率和生产力水平，并推动能源系统生产关系的深刻变化。基于互联网，探索新的电能交易模式，改造用能设施，创造新的能源消费模式。

能源局在《指导意见》中提出，需要开展绿色电力交易服务区域试点，推进以智能电网为配送平台，以电子商务为交易平台，融合储能设施、物联网、智能用电设施等硬件以及碳交易、互联网金融等衍生服务于一体的绿色能源网络发展，实现绿色电力的点到点交易及实时配送和补贴结算。同时，进一步加强能源生产和消费协调匹配，推进电动汽车、港口岸电等电能替代技术的应用，推广电力需求侧管理，提高能源利用效率。基于分布式能源网络，发展用户端智能化用能、能源共享经济和能源自由交易，促进能源消费生态体系建设。

## 7.4　能源生产智慧化的技术发展方向

### 7.4.1　基于互联网的能源生产信息公共服务网络

需要建立能源生产运行的监测、管理和调度信息公共服务网络，加强能源产业链上下游企业的信息对接和生产、消费的智能化，支撑电厂和电网协调运行，从生产侧助力能源生产与消费的平衡，提高系统的能效和稳定性。重点开发能源生产信息云平台与服务网络，实现与大数据平台、能源生产以及消费等环节智慧终端的互动，并开发相关的能源服务模式，参与和支持能源市场相关业务。

### 7.4.2　基于大数据的生产调度智能化

需要鼓励能源企业运用大数据技术对设备状态、电能负载等数据进行分析、挖掘和预测，开展精准调度，故障判断和预测性维护，提高能源利用效率和安全稳定运行水平。重点开发各类智能采集终端，并建设大数据平台，实现对于生产数据动态的全面掌握，并与传输、消费等环节紧密互动，支持需求侧响应。

### 7.4.3 支持可再生能源消纳和分布式能源接入能源网络

需要开发促进可再生能源消纳、分布式能源参与能源网络运行的技术，促进非化石能源和化石能源的协同发电，降低可再生能源、分布式能源对能源网络的冲击，提高能源系统的绿色、环保性。重点开发高灵活性电力系统、支持可再生能源灵活接入的高性能直流电网、交直流混合配电网、新型电力电子器件、储能技术、多能转化以及利用技术、智慧终端以及协同控制技术、支持新能源灵活友好接入的微网技术。

### 7.4.4 多能流生产协同的分析控制技术

需要开发多能流生产协同的分析控制技术，加强不同种能源生产之间的良性互动，基于多能协同控制系统在能源生产端实现多能耦合的优化生产。重点研究电-热-冷多能耦合系统的协同运行技术、多能转化技术，重点解决多能流建模和计算、多能流状态估计、多能流安全分析与安全控制、多能流优化调度和管理等技术问题，从而配合能源传输和消费网络的运行工作。

### 7.4.5 虚拟发电厂技术

需加大在能源网络通信设备、能源数据采集设施、能源生产消费调控设备等基础设施的建设和投入，支撑虚拟发电厂物理层面的建设。需支持对分布式能源预测、区域多能源系统综合优化控制、复杂系统分布式优化等方面的研究，支撑虚拟发电厂调控层面的建设。需为虚拟发电厂正常参与到多能源系统的能量市场、辅助服务市场、碳交易市场等创造宽松的环境，支撑虚拟发电厂市场层面的建设。在能源系统信息化、自动化程度较高，分布式能源较为丰富的地区，优先开展相应的试点工作，为虚拟发电厂的推广与应用提供示范。

## 7.5 能源网络智慧化的技术发展方向

### 7.5.1 透明电网/能源网

透明电网是指利用先进的"互联网+"智慧能源技术，实现对源、网、荷、储、用全环节各类设备的信息监控和实时感知，使设备运转信息、电网运行信息和能源市场信息透明共享、平等获取，是互联网与能源网技术深度融合下智能电网的高级发展形态，如图7-1所示。具体而言，透明电网包括了以下3个方面的内涵：

（1）电网设备状态透明化

电网各类设备基于先进的传感技术与通信技术，具备对自身健康状态、环境状态等核心参数的在线感知能力，可实现电网的在线实时状态监测、态势感知、智能运维和状态检修等功能。

（2）电网运行状态透明化

以电网设备的全状态感知为数据基础，以互联网技术为信息纽带，可对电网传输能力、电能质量、安全性和可靠性等关键信息进行在线实时感知与信息监控，实现电网的在线安全风险评估、优化经济运行和智能决策调度。

（3）电网市场信息透明化

在用户市场侧，"互联网+"智慧能源技术使得电网及其他能源网络透明化、数据化、价格化，电网的电力传输能力、质量、可靠性、电网输配电价格、各类电力市场及辅助服务价格、交易过程/结果实时发布等信息共享公开，源、网、储、荷等所有参与者可以自由选择、灵活交易。同时，电网市场信息的透明化有助于市场监管方及所有参与者对能源交易过程的实时监控。

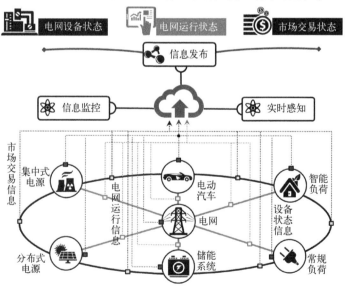

图7-1　透明电网

在智能电网与能源网深度融合的背景下，"互联网+"智慧能源技术逐渐成熟，将为透明电网带来广阔的应用前景。以电网设备与电网运行状态的透明化所产生海量的实时状态数据为基础，可实现电网运行调度决策的智能化，支撑发电设备广泛接入与精准发电预测，实现跨区域、大规模能源资源优化配置，科学分配需求侧负荷以及提取关键信息，实现状态估计与故障辨识。基于透明电网的实现，可培育"互联网+"综合能源服务的新商业模式，如发展与"互联网打车平台"相似概念的分布式第三方运维服务，利用透明电网与互联网技术匹配闲置的运维服务资源，有效解决大量分布式能源网络场景下专业运维队伍缺乏与运营区域和电力资产分散的矛盾。此外，透明电网可适应各类可再生小微能源的接入，逐渐形成泛在能源网，打破时空限制，实现能源的随时随地接入与使用。更进一步，透明电网促进可再生能源为主体的能源结构的发展，能源生产边际成本趋零；分布式能源就近获取，输送边际成本趋零；多种能源网融合，能源转换边际成本趋零；用户逐渐成为产消者，能源消费边际成本趋零；互联网交易和共享促进能源交易和增值服务，能源交易边际成本趋零。最终发展成为零边际成本电网/能源网。

## 7.5.2 泛在信息能源网

物联网技术通过射频识别、红外感应器、全球定位系统、激光扫描器等信息传感设备，按照约定的协议将任何物品与互联网连接，进行信息交换和通信，以实现智能化识别、定位、追踪、监控和管理。类似于以区块链技术为核心的透明电网/能源网解决方案，对于智能小微能源网络内部，也需要基于信息的实时、有效分享，实现各接入单元的协同运行和最优控制，因此需要构建基于物联网技术的泛在信息能源网，支撑智能小微能源网络的高效运行。泛在信息能源网不仅提供了传感器的连接，其本身也具有智能处理的能力，能够对物体实施智能控制。泛在信息能源网将传感器与智能处理相结合，利用云计算、模式识别等各种智能技术，扩充其应用领域。从传感器获得的海量信息中分析、加工和处理出有意义的数据，以适应不同用户的不同需求。

泛在信息能源网是能源和信息深度融合的系统，网络中的所有接入设备，其二次部分类似于信息网络中的节点单元，具备存储设备特性参数和实时监测记录自身运行状态、运行参数的功能，并依据统一的规约协议，通过物联网在小微能源网络内部实现信息的充分共享和交互。泛在信息能源网对于接入设备而言，具有高度灵活的可接入性、可扩展性，以及信息分享的广泛性和安全性。

针对泛在信息能源网的特点，可以总结出其关键技术如下：

1）传感器技术。需要通过 RFID 等传感技术随时准确获取终端的信息。

2）数据传输。通过有线或无线网络实现终端的信息传输，实现"4A"化通信，即在任何时间（anytime）、任何地点（anywhere）、任何人（anyone）、任何物（anything）都能顺畅地通信。

3）嵌入系统技术。综合计算机软硬件、集成电路技术等技术为一体，实现对接收到的信息进行分类处理，具有高性能、低功耗、对环境适应性强等特点。

### 7.5.3 基于互联网的能量管理技术

#### 1. 先进量测技术

全面精确的态势感知是实现高效管理调度的基础。与传统电网环境下的能量管理系统相比，"互联网+"智慧能源环境下的能量管理系统需要考虑的能源类型更多、可以检测的物理设备范围更广、粒度更细、频率更高，对"即插即用"要求更严。因此，需要在自动抄表技术（Automatic Meter Research，AMR）基础上，发展更加先进的智能感知技术、高级量测传感器、通信技术、传感网络系统以及相关标识技术，制定量测传递技术标准。除采用以上的侵入式检测方式外，也可采用基于统计模型、结构模型、模糊模型等模式识别方法，基于George Hart 的稳态功率检测法，基于谐波特性的电流检测法等非侵入式检测方法识别负载特征、建立用户的用能行为模型，以低成本、小干扰的模式实现精确量测。建立多能计量，集数据存储、数据分析、信息交互为一体的能源互联网智能化监测平台。

#### 2. 高可靠通信技术

智慧能源通信系统负责控制、监控、用户等多类型数据的高速、双向、可靠传输。基于互联网的能量管理系统对采用的分层递阶式架构通信系统提出了新的要求。同时，"互联网+"智慧能源应用环境、成本、"即插即用"设备的动态变化等也会对通信技术的选取产生影响。因此，基于互联网的能量管理系统通信技术的选取，主要根据所传输的数据类型、通信节点数量、设备地理位置分布、能源局域网数量、各能源局域网运行目标以及智慧能源网总体运行目标等因素综合决定。覆盖区域上，智慧能源通信网络需要局域网、区域网、广域网 3 种网络支持，实现与数据中心、电力市场、调度中心等机构信息互联。相关的成熟协议有 WiFi、Zigbee 协议、OpenHAN 协议。由于能源局域网间的能量共享一直处于动态变化中，多能源局域网间的能量协调对通信带宽、通信速率、通信可靠性的要求更高，部分能源局域网地处偏远无法实现单独建立通信网络，要求"互联网+"智慧能源在充分利用现有通信基础设施的基础上，发展新一代通信技术。针对"互联网+"智慧能源多种能源形式融合的特点，需要研究建立多能源网络信息通信交互接口与标准协议。此外，如何保障用户的隐私、降低用户数据泄露的风险，以及增强通信系统抗干扰、防非法入侵的能力，对未来"互联网+"智慧能源的安全运行、保障用户隐私及经济利益具有重要意义。

**3. 节点可调度能力预测技术**

对各类能源局域网节点可调度能力的准确预测，是实现能源互联网能量优化管理与调度的基础。可调度能力预测一方面需要针对节点系统结构，建立部分因素之间的关系模型；另一方面，有必要结合历史实际发生的数据，通过基于大数据的机器学习，更新完善天气、发电、用电和可调度能力之间的关联关系模型，并综合聚合得到节点能量可调度能力的预测数据。

首先，将能源互联网系统按照电压等级划分为若干层次，根据地区、网络结构等因素划分为若干区域，从而将能源互联网当作由诸多节点及节点关系构成的网络化体系；然后，对节点内部能量的产生、消耗、存储能力进行建模，建立相邻节点间的能量交互规则，以描述节点间能量转移的信息流、能量流和控制流；其次，运用关联度分析、特征提取、聚类识别等方法建立节点可调度能力与影响因素（包括历史天气数据、历史产能数据、历史用能数据、历史调度执行数据等各类数据）之间的关联关系模型；最后，通过分析包括单位产能与费用、环保等指标的关系，同工况不同节点及同节点不同工况下可调度能力与成本的关系，构建节点可调度能力与成本的关系模型，从而能够在实际调度中迅速预测节点的实际可调度能力，如图 7-2 所示。

**4. 基于模型预测控制的能量优化调度技术**

在能源互联网环境下，传统的基于日前规划+实时调整校正的能量管理模式在安全性、经济性等方面难以满足能源互联网的需求，而能够较好融合预测模型，具有滚动优化与反馈校正功能的模型预测控制方法更能适应。在每一个采样周期内，模型预测控制方法以有限时域内的基于系统实际状态的滚动优化代

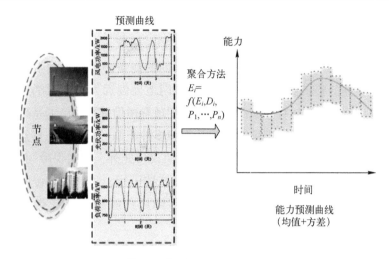

图 7-2 能源局域网节点可调度能力预测技术

替传统的开环优化思路，并通过场景生成与消减技术进一步降低预测误差对调度结果的影响。

当能源互联网中可再生能源出力渗透率非常高时，为最大限度降低可再生能源出力随机性、不确定性对能源互联网安全运行的影响，有必要采用基于随机性模型预测控制的优化调度或基于鲁棒模型预测控制的优化调度方法。基于随机性模型预测控制的优化调度方法，既能够较大程度降低预测不确定性对能源互联网运行的影响，又具有较好的经济性。同时，由于基于机会约束规划的模型预测控制方法与标准模型控制方法类似，因而在能源互联网环境下，主要考虑基于场景的模型预测控制方法。

## 7.6 能源消费智慧化的技术发展方向

### 7.6.1 基于互联网的能源交易

当前能源市场化定价机制尚未完全形成，发电企业和用户之间的市场交易有限，因此《国务院关于积极推进"互联网+"行动的指导意见》提出要"开展绿色电力交易服务区域试点"，使能源供应方和需求方可在能源交易服务平台进行交易，用户根据自身用能需求选择供应方直接购电，协定购电量和购电价格[2]。在此过程中，智能电网作为配送平台，电子商务作为交易平台，可同时结合碳交易市场于一体，实现能源实时配送和补贴结算。供需双方通过能源交易服务平台，实时发布能源供应和消费信息，实现能源供给侧与需求侧数据对接，形成开放化竞争性市场，推进能源生产和消费协调匹配，极大提高能源配置效率。例如，德国部分地区消费者能够将多余的能源在交易平台上出售，用户从消费者变为既是生产者又是消费者，目前已有 15% 的电能交易是在电力交易平台上完成的[4]。

电能进行自由、公平、公开的交易是能源互联网的重要目标之一，能源路由器的主回路负责电能按照预定计划流通，而应用层的购/售电模块完成电能交易。基于互联网的一次电能交易过程如下[5]：

假设能源路由器 A 连接有本地负荷和本地分布式可再生能源。A 中的功率预测模块对本地分布式可再生能源和负荷在未来一段时间内的功率进行预测，假定本地发电量不足以满足本地负荷需求，能量缺额预计为 $E$，这部分能量需要 A 从能源互联网获取。

第一步：A 向能源互联网中其他能源路由器发出广播，广播的信息至少包括 A 的标识符及所在位置、电能需求及时间段。

第二步：能源互联网中其他能源路由器收到 A 发出的广播，根据自身情况，对 A 做出反应，例如有 B、C 两个能源路由器能够满足或部分满足 A 在该时间段内的能量需求，B、C 选择好路由，经核算，B、C 认为自身的发电成本和路由成本（与距离相关）较低，对 A 报价有吸引力，因此，B、C 分别做出响应，响应信息包括能够提供的电能及报价。网络中其他能源路由器若认为路程太远。或自身发电成本过高，或不具备提供电能的能力，则不对 A 做出响应。

第三步：A 收到 B 或 C 的回应信息，按照价格从低到高排序，选择最低价成交，若最低价的电能不能满足要求，则选择次低价继续成交，直至满足 A 的电能需求为止。A 选择好一个或多个成交对象，向成交对象发出确认信息。

第四步：A 选定的成交对象收到 A 的确认信息后，在确认信息中加上自己的签章返回给 A。至此，交易的第一部分已经完成，即达成了电能的买卖协议，第二部分就是到时间后履行协议。

第五步：到约定时刻后，A 与达成协议的能源路由器按照预先设定好的路由建立逻辑连接，A 从网络中吸收功率，成交的路由器同时放出相同的功率，路由产生的损耗由各级路由器自行补齐，卖方向其支付一定路由费用。

第六步：能量传输完毕，协议履行结束，计量采用第三方经过认证的计量表计和系统，买方向卖方支付协议款项，经双方确认后解除协议，断开逻辑连接。

至此，一次完整的电能交易完成。从上述交易过程可以看出，电能交易是建立在自愿的原则上，交易是公开、公平、公正的，自动实现了买家购电成本最小化，卖家售电效益最大化，同时促进了分布式电源的就地、就近消纳。

### 7.6.2 基于互联网的用能设施的推广

#### 1. 智能家电

为满足电力峰荷需求，需要大量备用电能，这将造成非峰荷时段资源的浪费。智能用电双向交互技术可指导用户合理用电，有效调节电网负荷峰谷差，从而提高电能利用率及电网运行效率。

为改善电网负荷曲线，传统的需求响应（DR）主要针对工商业等大型电力用户展开，针对居民用户主要采用拉闸限电的调峰策略，用电方式较为被动。在智能电网环境下，智能终端设备的接入、电力通信技术的发展以及高级量测架构的建设，促进了智能用电双向交互技术的发展，双向交互为居民参与自动DR和实现智能用电提供了技术基础。智能用电双向交互技术充分考虑了居民用电的自主性和差异性特征，可为用户提供智能化、多样化、便利化服务，同时又可实现电力公司对居民用电的有效管理与控制。居民用户中智能可控负荷比例的不断增加，为采用新型负荷控制手段主动响应电网需求提供了可能。

居民用电时间及专业知识的限制对其参与DR造成了不便，智能家电管理（HAM）控制方案可实现DR自动控制，同时尽量不影响居民正常生活。智能家电管理系统结构如图7-3所示。[6]

系统采用基于智能电网的通信技术，小区电力控制中心与电网控制中心间都可进行双向通信。

智能家电控制器位于被控家电端，包括数据采集处理模块、控制模块及通信模块，其功能如下[6]：

1）数据采集及处理。实时采集被控家电运行状态信息，并进行数据处理。

2）控制功能。针对不同的家电实现通/断电控制。

3）通信功能。可与控制主机进行双向通信：一方面，将实时采集的家电状态数据传送至控制主机；另一方面，可接收控制主机下发的各项家电控制命令。

为实现电网削峰填谷或其他负荷控制目的，小区电力控制中心接收电网控

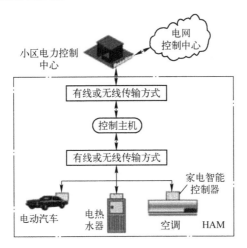

图 7-3  智能家电管理系统结构

制中心命令,并根据不同用户用电特性向用户控制主机下发 DR 命令;控制主机接收到 DR 信号后,对比分析实时家电数据,当总用电功率高于 DR 用电要求时,执行算法做出负荷控制决策。此外,用户可通过控制主机的人机交互界面,预先对被控家电进行负荷需求设定,提高用户参与 DR 的主动性。

**2. 虚拟调峰电站**

仅靠单一增加发电规模的传统方式无法满足人们对电力与日俱增的需求,必须调动负荷资源参与电网调峰,才能有效缓解电力供需矛盾。从广义上说,需求侧可互动的资源很多,例如各类照明、空调、电动机等负荷,各类蓄冷、蓄热、蓄电等储能设备,以及分布式电源、电动汽车等能源替换设备等。通过调动这些负荷资源参与调峰,可起到实际调峰电厂的作用。引导用户参与调峰需要配合基于电价或激励政策。同时,还需对参与的负荷进行组合控制,最大限度利用负荷的调峰潜力。

虚拟电厂的运行流程包括启动、执行和评价 3 个阶段[7]。虚拟调峰启动阶段的主要任务是开展用户调研和用户筛选,用户参与虚拟调峰方式确定以及与用户签署参与虚拟调峰相关的协议。在启动阶段,对于用户调控方式的确定和调控潜力的评估是项目实施的技术关键点。

虚拟调峰执行阶段分为省级和地市两级执行。省级完成的任务是接收负荷调度指令,确定调峰需求和目标,开展地市调峰能力预测,向各个地市分解调峰负荷;地市完成的任务是接收省级下发的调峰负荷,进行各个楼宇调峰能力预测，向每个用户分解调峰负荷，最终完成通知信息和指令下发。在执行阶段，确定基本负荷容量和调节负荷容量是项目实施的技术关键点。

虚拟调峰评价阶段的主要任务是实时监测用户调峰的执行状况、进行调峰效果评估和统计，最终进行调峰效益模拟计算。

### 7.6.3 基于互联网的能源领域商业新模式

充分应用互联网思维，将当下互联网环境下实施的较为成功的商业模式与能源互联网平台有机结合，可拓展出种类丰富的新型商业模式<sup>⊖</sup>，如图7-4所示。

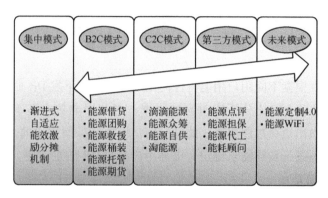

图7-4 基于互联网的能源领域商业新模式

（1）集中式整体平衡，渐进式自适应能效分摊机制

对区域能源互联网的运营效益进行综合评价，并与主网、其余区域互联网的综合运营效益进行对标。对标结果将反映为价格落差由区域能源互联网内的参与主体分摊，从而改变各主体的参与成本和收益，进而产生激励效果。在示范区内部，对各主体也进行相应的考核与激励，从而确定价格落差具体分配标准。

构建基于大数据的能源互联网区域集中多能调度服务平台。

示范区能量流、信息流和价值流结合的实现主要依托于能源互联网区域集中多能调度服务平台（简称多能平台）的实现。多能平台的核心功能是在满足用户用能需求的条件下实现能源互联网的能效最大化。基于大数据和云计算原

---

⊖ http://smartgrids.ofweek.com/2015-07/ART-290017-8440-28980913_2.html

理，多能平台应实现以下关键技术：能源替代效益测算，市场主体分类标杆能效和各主体实际能效测算，用户分类用能情况测算，用户用能边际效益测算，用户用能中断边际损失测算。在实际建设中，可先根据周边地区和本地区历史数据得出理论标杆值。在运行过程中，不断收集、分析数据并对标杆值进行修正，最后逐渐逼近真实值、适应实际的能源供需环境。多能平台可实现示范区市场机制的渐进成熟和自适应。

（2）分散式微平衡的商业模式

分散式微平衡的商业模式将成为未来能源互联网商业模式的主体。

1）能源自供。在推广分布式发电和分布式储能的基础上，各类用户可自己满足用能需求。若有盈余，则可就地进行分布式能源节点的排布。比如在商业中心楼宇配置风光互补发电系统，而在附近安装有该中心供能的电动汽车充电桩等。

2）能源代工。由中间商统一采集各类用户的能源需求并统一受理、报价。中间商与若干能源提供商建立代工关系，由后者代工生产相应的能源，并提供给用户。

3）能源团购。类似于现有的网络团购。用户以团购的方式聚集购买力，以提升用户在市场博弈中的地位；同时为能源提供商提供了大宗销售的平台，便于其进行统一管控。适用于分散但总量可观的城乡个体用户群，有利于节约双侧成本。

4）能源救援。为应对突发的用能中断状况，用户联系能源救援公司，由公司就近指派能源救援服务站为用户提供应急的能源供应。能源救援公司根据具体情况收取能源使用的费用和佣金。该模式适用于各种类型的用户，和电动汽车市场有较好的耦合度。

5）能源期货。以标准形式确定能源交易期货规格，新兴的能源供应商可借由较低的期货价格吸引用户，从而实现融资的目的。

6）能源担保。在大中规模用户与能源提供商交易时，由中间商对供需双方进行担保，提高交易效率以加快资金流转速度。

7）能源桶装。对能源服务进行规范化和标准化，具体可包括标准化储能设备、标准化供能曲线、供能格式合同等。该模式适用于中小规模的城乡用户，可使用户更便捷多元地塑造自我能源消费结构。

8）滴滴能源。为不同种类的能耗用户提供个性化的点对点能源服务。能耗用户可将自己的用能需求信息发布到系统平台上，附近的能源供应商在看见用户发布的信息之后可选择进行匹配或忽略。匹配确认后双方可进行进一步协商和交易。该模式适用于各种类型的用户，且随着能源互联网技术的发展，支持的用户需求种类将不断拓展。

9）能源 WiFi。随着未来无线充电等技术的进一步发展和普及，对用户提供大范围无线充能服务成为可能。用户连接无线充能热点后对用能设备进行充电，充电完成后使用绑定的账号进行付费。无线热点主要覆盖商业楼宇和居民用户。

10）能源定制 4.0。基于生产的高度自动化，为用户量身定制能源产品和服务搭配方案。该模式覆盖的范围将随着技术革新逐步扩展，最终实现覆盖所有种类的用户单元。

11）能源点评。开发专门的能源领域点评软件，允许各类用户和能源服务类公司进行双向点评。该模式类似于现有的"大众点评"。有利于交易信息的公开化，可与其他商业模式进行耦合，并有利于提高其效率和信用。

12）淘能源。类似于现有的各类网络购物网站。构建网络交易平台，使各类能源服务公司都能够在平台上开网店，出售各类产品和服务供用户选择。该模式广泛适用于各类商业主体，提供了大型的网络能源交易平台。

13）能耗顾问。成立能耗顾问公司，为用户提供信息分析和顾问服务，指导用户进行用能规划。

14）能源托管。在能耗顾问的基础上发展出类似于能源管理公司（Energy Management Company，EMCo）的能源托管公司。用户可将自己在一段时间内的用能委托给能源托管公司，利用其更专业的算法、更全面的数据和特殊的能源来源渠道对该时段的用能需求进行全程规划安排。在满足用户用能要求的基础上，节约下的用能花费作为收入由用户和能源托管公司分配。该模式适用于城乡小用户，可在节省用户时间成本同时提升节能减排效果。

15）能源众筹。能源投资者在资金不足的情况下，可以通过能源众筹平台来筹资，多方联合进行投资。适用于小规模投资主体，有利于新平台、新技术的发掘。

16）能源借贷。类似于现有的商业银行贷款。成立能源借贷公司，用户基于自身需要签订能源借贷合同。该模式可用于多种负荷类型和规模的用户，尤其适用于工程单位，可为其解决能源规划问题和提供项目期能源支持。

## 7.7　本章小结

在以电力为代表的能源领域实行 "互联网+" 智慧能源的改革，对提高可再生能源比重，促进化石能源清洁高效利用，提升能源综合效率，推动能源市场开放和产业升级，形成新的经济增长点，提升能源国际合作水平具有重要意义。本章分析了 "互联网+" 智慧能源的现状及发展趋势、形态特征以及技术需求，并对 "互联网+" 智慧能源的发展方向进行了详细探讨。在能源的生产端，需要构建基于互联网的能源生产信息公共服务网络，利用大数据实现生产调度的智能化，同时发展多能流生产协同的分析控制技术。在能源传输网络上，需要构建透明电网，实现整个电网的实时透明可见；在微网中构建泛在信息能源网，在微网内部实现信息的充分共享和交互；在能源消费端，开展广泛的基于互联网的能源交易，探索更多的商业模式，调动用户参与的积极性。

## 参考文献

[1] 金鑫．市场销售要有互联网思维 [J]．中国石化，2015(6)：96.

[2] 国家发展改革委，国家能源局，工业和信息化部．关于推进 "互联网+" 智慧能源发展的指导意见 [J]．城市燃气，2016(4)：4-9.

[3] 周孝信．互联网思维改造传统电力系统构建新能源系统 [J]．广西电业，2015(7)：84-86.

[4] 崔颖．互联网+智慧能源：引领能源生产和消费革命 [J]．世界电信，2015(8)：53-56.

[5] 田兵，雷金勇，许爱东，等．基于能源路由器的能源互联网结构及能源交易模式 [J]．南方电网技术，2016，10(8)：11-16.

[6] 汤奕，鲁针针，宁佳，等．基于电力需求响应的智能家电管理控制方案 [J]．电力系统自动化，2014，38(9)：93-99.

[7] 杨永标，颜庆国，徐石明，等．公共楼宇空调负荷参与电网虚拟调峰的思考 [J]．电力系统自动化，2015(17)：103-107.

# 第8章　我国智能电网与能源网融合的技术路线

当前我国能源和电力面临发展转型的新阶段，与电源的转型相配合，电网发展总体上将是朝向国家骨干输电网与地方输配电网、微网相结合的模式发展，既能适应水能、风能、太阳能发电等大规模可再生能源电力以及清洁煤电、核电等集中发电基地的电力输送、优化和间歇性功率相互补偿的需要，也能适应对分布式能源电力开放，并逐步与能源网进行融合，促进智能电网与能源网的协同发展、提高可再生能源利用效率、终端能源利用效率的需求并还原能源商品属性。

本章将结合我国能源系统的发展现状，并基于前述章节对技术需求和技术发展方向的论述，提出我国 2020 年、2030 年以及 2050 年能源系统的形态演变、关键发展技术。

## 8.1　我国能源体系分析

我国国民经济和能源电力发展面临严峻形势。2016 年，我国碳排放占全球总量的 27.95%，高居世界第一位。化石燃料污染造成的雾霾现象严重，急需大规模、高比例开发利用可再生能源。截至 2017 年上半年，我国风能、太阳能发电并网装机容量达到 2.56 亿 kW，但发电量仅约占总量的 5%。我国总体能源利用效率低下，综合能源效率不足，2016 年单位能耗是世界平均水平的 1.23 倍，仍需大幅提高能源综合利用效率，减少能源消耗的总量[1]。

电网承受波动性可再生能源电力的能力受限，电网对大规模、高比例风电等可再生能源的消纳仍然未找到经济有效的解决途径，需要寻求综合的解决方案。

未来，我国的电力需求仍将快速增长。从发展阶段看，我国还处于工业化中后期、城镇化快速推进期。尽管目前我国经济发展已进入新常态，电力消费弹性系数近年来有所下降，然而随着能源结构不断向着清洁化、绿色化调整和优化，电力在终端能源消费中的比重将不断提高，电力需求仍将保持中高速增长。我国人均用电水平还处于低位，与发达国家存在较大差距，2010 年中国人均用电量为 3140 kW·h，2015 年为 4318 kW·h，相当于美国 20 世纪 60 年代水平。可以预见，伴随终端消费电力比重上升，在未来较长一段时期内，我国人均用电量水平将保持较快增长，预计 2020 年人均用电量将达到 5000 kW·h，或更高水平[2]。

另一方面，计算机网络技术作为新生代的科技产物，代表着新媒介技术的产生、发展和普及，正在引导着整个社会发生变化。在过去的几年中，互联网已经给人类的交往方式、思维逻辑、社会结构造成了不可逆转的、翻天覆地的变化。互联网发展至目前，在性能与安全性两方面有了革新性的突破。性能提高表现为两方面，其一是数据传输的高速化。高速通道技术的应用，能够有效地、大幅度地提高互联网的传送速度，以此达到更快的资源流通的目的。其二是得益于芯片技术的发展，信息处理速度大幅提升，对输入的信息有更快的响应，能够处理的信息量大幅提升。同时，新的防御系统、加密技术的提出，以及存储设备稳定性的提高，使得互联网中信息及数据的安全性得到了极大的提高。将互联网技术应用于电力系统，发挥互联网技术的优势，是我国能源系统未来的发展方向。

## 8.2　能源利用体系的演变

随着人们节能减排意识的不断提高、新能源开发技术的不断成熟以及能源市场化成熟度的不断加强，未来能源利用体系的形态将不断演变。总的来看，演变趋势为生产端将不断提升可再生能源占比；消费端将逐步形成以电动汽车、多能互补、产消一体为主的模式；能源交易市场将不断放开，最终实现自主交易。

**1. 2020 年能源利用体系的特点**

（1）生产侧

到 2020 年，能源生产以化石能源为主但比重不断下降，且化石能源的开发以集中式转换利用为主，用以提高能源利用效率及减少污染物的排放；同时，可再生能源迅速发展，利用方式以发电为主，集中开发和分布式消纳并重。

（2）消费侧

消费端不断提高电动汽车等灵活性资源的比重，2020 年实现电能替代其他能源消费 20%以上，并借助于多能互补技术的进步提高终端能源利用效率。

（3）市场侧

能源交易方面将逐步实现市场化，到 2020 年，能源交易以单向交易为主，即由大的能源供应商直供用户，或者由售能公司向用户卖能。各种二次能源之间交互交易的市场仍未放开，即各种二次能源单向运转，售电市场有限开放。

**2. 2030 年能源利用体系的特点**

（1）生产侧

到 2030 年，能源生产中化石能源比例明显下降，可再生能源成为主力能源之一。并且，可再生能源的生产将呈现多形态，除了可再生能源发电之外，可再生能源产热、可再生能源制氢将得到发展，可再生能源分布式生产的比例大增。

（2）消费侧

到 2030 年，在能源消费侧，电动汽车将成为城市的主流，并且多能互补的应用普遍，大型商业广场、写字楼、医院、居民建筑楼宇等，将广泛应用 CCHP 冷热电三联产等实现能源的综合利用。能源产消者广泛形成，能源消费和生产多元化、共享化。

（3）市场侧

到 2030 年，能源市场成熟度进一步提升，互联网渗透程度亦进一步加强。多能流互补互动，不同能源的供应商将进行不同能源之间的交易，实现彼此能源的互补。售能市场开放程度加大，不同能源供应商将在交易平台上进行适度竞争。

**3. 2050 年能源利用体系的特点**

（1）生产侧

2050 年，能源利用结构将发生大的转变，可再生能源成为能源生产主力，占比将超过 50%。小微能源普遍发展，能源获取渠道广泛，人们可借助于小微能源实现自身部分能源需求，比如移动设备耗电等。

（2）消费侧

能源消费无处不在，能源产消一体化，自消费模式广泛存在。

（3）市场侧

能源交易完成实现市场化，并且能源系统互联网高度渗透。能源生产商、产消者、用户等将通过互联网化的能源交易平台实现能源自由交易。利用移动终端实现能源交易的实时交易。

## 8.3 智能电网、能源网融合定位及形态的演变

未来能源利用体系在生产、消费、交易方面将不断变革，整个能源传输网络（智能电网、能源网）的定位及形态亦将有所转变，整体趋势将逐渐提升电网与能源网的融合程度。

**1. 2020 年智能电网、能源网的定位及形态**

实现跨区域大规模资源配置，包括集中式化石能源、大型风电生产基地等。

高比例消纳可再生能源，减少弃水、弃风、弃光现象，可再生能源消纳集中与分布式并重。

提升输电能力和安全稳定水平，实现高度自动化和智能辅助决策，提高电网可靠性，避免大面积停电。

基于此定位，智能电网与能源网融合的形态特征呈现以智能电网为主体的能源供应系统，并实现能源系统的自动化和智能化。

**2. 2030 年智能电网、能源网的定位及形态**

跨区域大规模资源的优化配置。

力求全额消纳可再生能源，智能电网与能源网互补互济，并服从能源就近供给。

智能电网、能源网运行高度智能化，运行状态透明化。

基于此定位，智能电网与能源网融合的形态特征将是智能电网与能源网并存，多种能源互联互通并同时为用户所选择使用，智能电网和能源网高度智能化、透明化。

**3. 2050 年智能电网、能源网的定位及形态**

优先支持可再生能源电力传输。

趋零边际成本输送电力和能源。

高智能、深优化、高可靠性的获取能源。

基于此定位，智能电网与能源网融合的形态特征将是智能电网与能源网高度融合，形成趋零边际能源输送成本电网/能源网。整个能源网络泛在化。

## 8.4　智能电网与能源网融合的关键技术

面向 2020 年，以当前重大需求为牵引，开展一批智能电网、能源网及其融合的创新性技术研究。

（1）提升远距离输电能力技术

以提升未来远距离输电能力、实现跨区域大规模资源配置为目标，开展相关关键技术研究和试点示范。重点研究特高压交流输电技术、超导限流技术、交直流大电网系统保护与控制技术。

（2）提升新能源高比例消纳技术

以高比例消纳可再生能源，减少弃水、弃风、弃光为目标，开展相关关键技术研究和试点示范。重点研究柔性直流输电技术、超导储能技术与主动配电网技术。

（3）提升大电网自动化、智能化技术

以提升大电网自动化、智能化水平，高可靠性避免大面积停电为目标，开展相关关键技术的研究和试点示范。重点研究高比例可再生能源的大电网优化调度运行技术、气象及能源大数据综合利用技术、大电网实时风险评估与状态检修技术。

面向 2030 年，研究和发展若干有一定前瞻性和重大影响的技术。

（1）高效能源转换技术

为适应智能电网与能源网融合所发展起来的多能流耦合场景，高效能源转换技术成为多能流耦合的核心装备。重点研究电制氢技术，高效燃气轮机技术，能源路由器（固态变压器）技术，直流断路器与直流电网技术。

（2）大容量高效储能技术

为适应新能源不断渗透的场景，支持可再生能源全额消纳，大容量高效储能技术成为关键。重点研究石墨烯电池储能技术，基于软件定义的网络化电池管理技术。

（3）透明电网/能源网技术

智能电网、能源网状态的高度透明化和高度智能化成为趋势。技术重点为互联网化的芯片级传感器技术，能源一二次系统融合的智能装备。

面向 2050 年，攻关具有革命性、颠覆性的核心技术，建设适应革命性的能源网络系统，适应可再生能源占主导位置（占比 90% 及以上）的网络系统研究和发展若干有重大影响的技术。

（1）基于功能性材料的智能装备

重点攻关基于功能性材料的开关断路器，具有生物自愈特性的智能一次设备，基于功能性材料的传感器。

（2）基于生物结构拓扑的电力电子与储能装备

重点攻关物理串并联约束的新型拓扑的电力电子与储能装备，适于互联网化的、可软件定义的能量管理系统。

（3）泛在网络与虚拟现实技术

重点攻关无线输电、取能技术；信息网络和能源网络共享技术，构建泛在信息能源网；能源管理的虚拟现实技术。

## 8.5　智能电网与能源网融合的形态演变及技术路线

图 8-1、图 8-2 所示分别为智能电网与能源网融合的形态演变及技术路线图。

## 8.6　本章小结

智能电网与能源网的融合顺应了我国能源转型发展的大趋势，对推动我国能源革命，实现能源转型意义重大。本章分析了我国 2020 年、2030 年以及 2050 年能源利用体系的特点，并提出了各时期智能电网与能源网融合的形态演变及关键技术。开始涌现时期（2020 年），智能电网与能源网融合呈现以智能电网为主体的自动化、智能化的能源供应系统，关键技术包括远距离输电能力技术、新能源高比例消纳技术和大电网自动化、智能化技术；大力发展时期（2030 年），智能电网与能源网并存，多种能源互通互联，智能电网、能源网高度智能化、透明化，关键技术包括高效能源转换技术、大容量高效储能技术和透明电网/能源网技术；深度融合时期（2050 年），智能电网与能源网高度融合，形成泛在化的能源网络，关键技术包括基于功能性材料的智能装备、基于生物结构拓扑的电力电子与储能装备和泛在网络与虚拟现实技术。

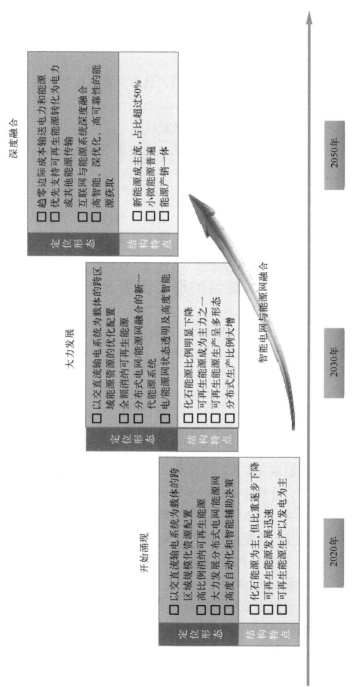

图8-1　智能电网与能源网融合形态

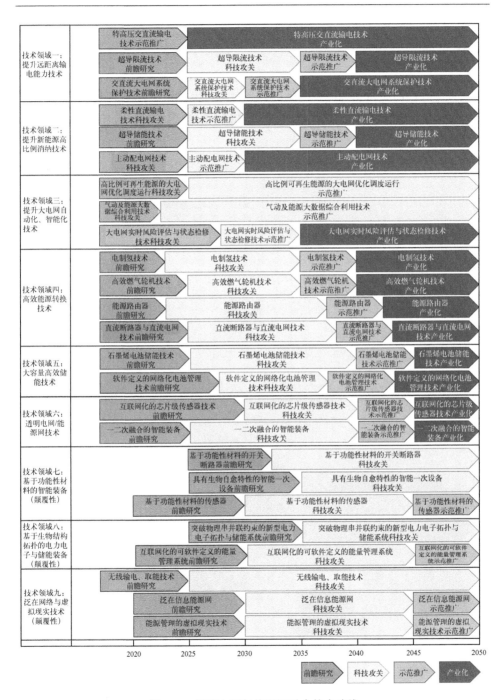

图 8-2 智能电网与能源网融合技术路线

# 参考文献

[1] 周孝信. 构建新一代能源系统的设想 [J]. 电器工业, 2015(9): 1-4.

[2] 周小谦. 关于"十三五"电力规划的若干问题思考 [J]. 中国电业, 2015
    (2): 6-9.